SOLIDWORKS®全球培訓教材系列

SOLIDWORKS
Composer 培訓教材
繁體中文版

Dassault Systèmes SOLIDWORKS® 公司 著

第二版

陳超祥、胡其登 主編

60806C, Counter Shaft-1

U0086730

台灣繁體
授權發行

博碩文化

SOLIDWORKS

作　　者：Dassault Systèmes SolidWorks Corp.
主　　編：陳超祥、胡其登
繁體編譯：高于僎

董 事 長：陳來勝
總 編 輯：陳錦輝

出　　版：博碩文化股份有限公司
地　　址：221 新北市汐止區新台五路一段 112 號 10 樓 A 棟
　　　　　電話 (02) 2696-2869　傳真 (02) 2696-2867

發　　行：博碩文化股份有限公司
郵撥帳號：17484299　戶名：博碩文化股份有限公司
博碩網站：http://www.drmaster.com.tw
讀者服務信箱：dr26962869@gmail.com
訂購服務專線：(02) 2696-2869 分機 238、519
（週一至週五 09:30～12:00；13:30～17:00）

版　　次：2021 年 12 月初版

建議零售價：新台幣 520 元
I S B N：978-986-434-955-5
律師顧問：鳴權法律事務所 陳曉鳴律師

本書如有破損或裝訂錯誤，請寄回本公司更換

國家圖書館出版品預行編目資料

SOLIDWORKS Composer 培訓教材 / Dassault
Systèmes SOLIDWORKS Corp. 作 . – 二版 .
– 新北市：博碩文化股份有限公司，2021.11
　　面；　　公分
繁體中文版
譯自：Using solidWorks composer
ISBN 978-986-434-955-5(平裝)
1.SolidWorks(電腦程式) 2.電腦繪圖
312.49S678　　　　　　　　　110018313

Printed in Taiwan

歡迎團體訂購，另有優惠，請洽服務專線
博 碩 粉 絲 團　(02) 2696-2869 分機 238、519

商標聲明

本書中所引用之商標、產品名稱分屬各公司所有，本書引用
純屬介紹之用，並無任何侵害之意。

有限擔保責任聲明

雖然作者與出版社已全力編輯與製作本書，唯不擔保本書及
其所附媒體無任何瑕疵；亦不為使用本書而引起之衍生利益
損失或意外損毀之損失擔保責任。即使本公司先前已被告知
前述損毀之發生。本公司依本書所負之責任，僅限於台端對
本書所付之實際價款。

著作權聲明

本書著作權為作者所有，並受國際著作權法保護，未經授權
任意拷貝、引用、翻印，均屬違法。

序

We are pleased to provide you with our latest version of SOLIDWORKS training manuals published in Chinese. We are committed to the Chinese market and since our introduction in 1996, we have simultaneously released every version of SOLIDWORKS 3D design software in both Chinese and English.

We have a special relationship, and therefore a special responsibility, to our customers in Greater China. This is a relationship based on shared values – creativity, innovation, technical excellence, and world-class competitiveness.

SOLIDWORKS is dedicated to delivering a world class 3D experience in product design, simulation, publishing, data management, and environmental impact assessment to help designers and engineers create better products. To date, thousands of talented Chinese users have embraced our software and use it daily to create high-quality, competitive products.

China is experiencing a period of stunning growth as it moves beyond a manufacturing services economy to an innovation-driven economy. To be successful, China needs the best software tools available.

The latest version of our software, SOLIDWORKS 2021, raises the bar on automating the product design process and improving quality. This release includes new functions and more productivity-enhancing tools to help designers and engineers build better products.

These training manuals are part of our ongoing commitment to your success by helping you unlock the full power of SOLIDWORKS 2021 to drive innovation and superior engineering.

Now that you are equipped with the best tools and instructional materials, we look forward to seeing the innovative products that you will produce.

Best Regards,

Gian Paolo Bassi
Chief Executive Officer, SOLIDWORKS

前言

DS SOLIDWORKS® 公司是一家專業從事三維機械設計、工程分析、產品資料管理軟體研發和銷售的國際性公司。SOLIDWORKS 軟體以其優異的性能、易用性和創新性，極大地提高了機械設計工程師的設計效率和品質，目前已成為主流 3D CAD 軟體市場的標準，在全球擁有超過 250 萬的忠實使用者。DS SOLIDWORKS 公司的宗旨是：To help customers design better product and be more successful（幫助客戶設計出更好的產品並取得更大的成功）。

"DS SOLIDWORKS® 公司原版系列培訓教材" 是根據 DS SOLIDWORKS® 公司最新發佈的 SOLIDWORKS 軟體的配套英文版培訓教材編譯而成的，也是 CSWP 全球專業認證考試培訓教材。本套教材是 DS SOLIDWORKS® 公司唯一正式授權在中華民國台灣地區出版的原版培訓教材，也是迄今為止出版最為完整的 DS SOLIDWORKS 公司原版系列培訓教材。

本套教材詳細介紹了 SOLIDWORKS 軟體及 PDM 軟體模組的功能，以及使用該軟體進行三維產品設計、工程分析的方法、思路、技巧和步驟。值得一提的是，SOLIDWORKS 不僅在功能上進行了多達數百項的改進，更加突出的是它在技術上的巨大進步與持續創新，進而可以更好地滿足工程師的設計需求，帶給新舊使用者更大的實惠！

本套教材保留了原版教材精華和風格的基礎，並按照台灣讀者的閱讀習慣進行編譯，使其變得直觀、通俗，可讓初學者易上手，亦協助高手的設計效率和品質更上一層樓！

本套教材由 DS SOLIDWORKS® 公司亞太區高級技術總監陳超祥先生和大中國區技術總監胡其登先生共同擔任主編，由台灣博碩文化股份有限公司負責製作，實威國際協助編譯、審校的工作。在此，對參與本書編譯的工作人員表示誠摯的感謝。由於時間倉促，書中難免存在疏漏和不足之處，懇請廣大讀者批評指正。

陳超祥　胡其登

陳超祥 先生
現任 DS SOLIDWORKS 公司亞太地區高級技術總監

　　陳超祥先生畢業於香港理工大學機械工程系，後獲英國華威大學製造資訊工程碩士及香港理工大學工業及系統工程博士學位。多年來，陳超祥先生致力於機械設計和 CAD 技術應用的研究，曾發表技術文章二十餘篇，擁有多個國際專業組織的專業資格，是中國機械工程學會機械設計分會委員。陳超祥先生曾參與歐洲航天局「獵犬 2 號」火星探險專案，是取樣器 4 位發明者之一，擁有美國發明專利（US Patent 6, 837, 312）。

胡其登 先生
現任 DS SOLIDWORKS 公司大中國地區高級技術總監

　　胡其登先生畢業於北京航空航天大學飛機製造工程系，獲「計算機輔助設計與製造（CAD/CAM）」專業工學碩士學位。長期從事 CAD/CAM 技術的產品開發與應用、技術培訓與支持等工作，以及 PDM/PLM 技術的實施指導與企業諮詢服務。具有二十多年的行業經歷，經驗豐富，先後發表技術文章十餘篇。

推薦序

　　3D 設計軟體 SOLIDWORKS 所具備的易學易用特性，成為提高設計人員工作效率的重要因素之一，從 SOLIDWORKS 95 版在台灣上市以來至今累計了數以萬計的使用者，此次的 SOLIDWORKS 2021 新版本發佈，除了提供增強的效能與新增功能之外，同時推出 SOLIDWORKS 2021 繁體中文版原廠教育訓練手冊，並與全球的使用者同步享有來自 SOLIDWORKS 原廠所精心設計的教材，嘉惠廣大的 SOLIDWORKS 中文版用戶。

　　這一次的 SOLIDWORKS 2021 最新版的功能，囊括了多達 100 項以上的更新，更有完全根據使用者回饋所需，而產生的便捷新功能，在實際設計上有絕佳的效果，可以說是客製化的一種體現。不僅這本 SOLIDWORKS 2021 的繁體中文版原廠教育訓練手冊，目前也提供完整的全系列產品詳盡教學手冊，包括分析驗證的 SOLIDWORKS Simulation、數據管理的 SOLIDWORKS PDM、與技術文件製作的 SOLIDWORKS Composer 中文培訓手冊，可以讓廣大用戶參考學習，不論您是 SOLIDWORKS 多年的使用者，或是剛開始接觸的新朋友，都能夠輕鬆使用這些教材，幫助您快速在設計工作上提升效率，並在產品的研發上帶來 SOLIDWORKS 2021 所擁有的全面協助。這本完全針對台灣使用者所編譯的教材，相信能在您卓越的設計研發技巧上，獲得如虎添翼的效用！

　　實威國際本於〝誠信服務、專業用心〞的企業宗旨，將全數採用 SOLIDWORKS 2021 原廠教育訓練手冊進行標準課程培訓，藉由質量精美的教材，佐以優秀的師資團隊，落實教學品質的培訓成效，深信在引領企業提升效率與競爭力是一大助力。我們也期待 DS SOLIDWORKS 公司持續在台灣地區推出更完整的解決方案培訓教材，讓台灣的客戶可以擁有更多的學習機會。感謝學界與業界用戶對於 SOLIDWORKS 培訓教材的高度肯定，不論在教學或自修學習的需求上，此系列書籍將會是您最佳的工具書選擇！

SOLIDWORKS/ 台灣總代理

實威國際股份有限公司

總經理

許泰源

本書使用說明

關於本書

本書的主要目的是教您使用 SOLIDWORKS Composer 軟體來建立 2D 和 3D 的產品，SOLIDWORKS Composer 的強大多功能性，要在這短短一本書中談盡它每一個微小的細節和功能是不太可能的，因此重點會放在如何成功運用 SOLIDWORKS Composer 的基礎技巧和概念，讀者應該把書中的資料當成系統文件和線上說明的補充教材，一旦建立好基礎後，讀者可以參照線上說明來取得較少運用到的指令選項資訊。

主旨

本書的目標包括：

* **提高對於 3D 檔案的熟悉度**：學會在 3D 組合件中導覽、縮放、旋轉、隱藏和顯示零件。

* **產生 2D 輸出**：產生視圖的封面圖片、零件清單、行銷材料…等等，學會如何發佈點陣（raster）和向量圖形（vector graphics）的輸出。

* **產生 3D 輸出**：產生互動式內容、演練動畫，還有爆炸和組裝順序，學會如何發佈影片檔案 AVI、MP4…，如何與 SOLIDWORKS Composer Player 互動呈現。

* **從 CAD 檔案更新**：使用 CAD 應用程式改變過的組合件，來更新 SOLIDWORKS Composer 的視圖和動畫。

* **發佈內容**：用 Adobe Acrobat PDF 檔案、Microsoft 檔案，和 HTML 檔案發佈 SOLIDWORKS Composer 內容。

先決條件

要充分的利用這本書，您必須具備以下的條件：

* Windows 操作系統的經驗。

* 熟悉使用 2D 螢幕截圖軟體相關的術語。

課程長度

建議的課程長度最少為兩天。

課程設計理念

本書的設計是環繞於以過程和任務為主的方式來進行訓練。這個以過程為主的訓練課程強調必須經過的過程和程序來完成一個特定的任務，藉由運用實際案例的方式來彰顯這些程序，您會學到必須知道的指令、可能使用的方式和畫面來完成任務。

使用本書

本書希望是在教室環境，經由有經驗導師的指導下使用，它不是一個自學教材。書本中所用到的實例和研究案例是需要導師以臨場的方式講解。

範例練習

範例練習給學生機會應用和練習在本書中所學到的資訊，這些練習題包含了一般在運用 SOLIDWORKS Composer 軟體會碰到的問題，每個人的學習速度不同，因此，我們鼓勵先完成的學生能夠獨立練習這些習題，然後幫助其他的學生。

Windows

本書中的畫面截圖是依照 Windows 7/10 的畫面呈現，不同處不會影響軟體的表現。

關於範例實作檔與動態影音教學檔

本書的「01Training Files」收錄了課程中所需要的所有檔案。這些檔案是以章節編排，例如：Lesson02 資料夾包含 Case Study 和 Exercises。每章的 Case Study 為書中演練的範例；Exercises 則為練習題所需的參考檔案。範例實作檔案可從「博碩文化」官網下載，網址是：http://www.drmaster.com.tw/Publish_Download.asp；而本培訓教材也同時錄製提供課程內容的影音教學檔，讀者可至「博碩文化數位學院」觀看，網址是：https://www.drmaster.net/edu/。

此外，讀者也可以從 SOLIDWORKS 官方網站下載本教材的 Training Files，網址是 www.solidworks.com/trainingfilescomposer，下拉選擇版本後再按 Search，下方即會列出所有可練習檔案的下載連結，下載後執行會自動解壓縮。

本書書寫格式

本書使用以下的格式設定：

設定	說明
功能表：檔案→列印	指令位置。例如：檔案→列印，表示從下拉式功能表的檔案中選擇列印指令。
提示	要點提示。
技巧	軟體使用技巧。
注意	軟體使用時應注意的問題。
操作步驟	表示課程中實例設計過程的各個步驟。

書中出現的圖片用全白來當作背景顏色，應用程式的視窗的背景顏色可能會因為背景調色而不同。

更多的 SOLIDWORKS 培訓資源

MySOLIDWORKS.com 可以隨時隨地在任何設備上，將您與 SOLIDWORKS 內容與服務連結起來，從而提高工作效率。此外，利用 My.SOLIDWORKS.com/training 中的 MySOLIDWORKS Training 能夠讓您在自己的學習進度下加強您的 SOLIDWORKS 技巧。

01 快速入門

02 準備開始

03 產生封面和細部放大圖

04 產生爆炸視圖

05 產生其他爆炸視圖

06 產生材料明細表

07 產生行銷圖片

08 產生動畫

09 產生互動內容

10　產生演練動畫

11　將特殊效果新增到動畫

12 更新 SOLIDWORKS Composer 檔案

13 使用專案

14 從 SOLIDWORKS Composer 發佈

A　參考答案

01

快速入門

順利完成本章課程後，您將學會：

- 開啟檔案

- 使用視圖和播放動畫

- 產生圖片

- 將圖片插入文件

- 更新 **SOLIDWORKS** Composer 內容

1.1 SOLIDWORKS Composer 快速入門

　　本章為快速入門指南，因此不會詳細研究功能，貫穿全書都有交叉引用、指向特徵和過程的詳細描述。從本章中，您將學會如何在以 Microsoft Word 編寫的工作說明書中，使用與更新從 SOLIDWORKS Composer 所輸出的圖片。

操作步驟

STEP 1 　檢視文件

　　開啟 Lesson01\Case Study\Assembly Instructions.doc，此文件為一柵欄組合件的組裝說明。在此我們將產生圖片並努力完成說明書。

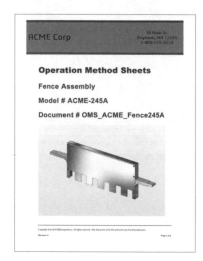

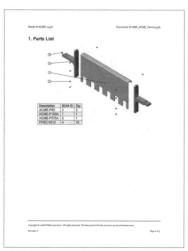

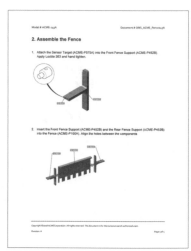

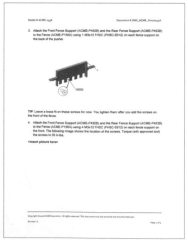

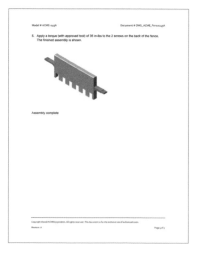

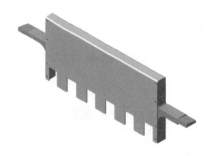

STEP **2** 開啟檔案

開啟 Lesson01\Case Study\ACME-245A.smg。

技巧

.smg 為 SOLIDWORKS Composer 的檔案格式。
此 SOLIDWORKS Composer 文件中有多個視圖
和一個動畫。完整的 CAD 結構及其所有零件和
次組合件都列在左窗格的組合件頁籤中。

您可以透過各種 CAD 軟體系統（包括 SOLIDWORKS），或使用幾種 CAD 中繼檔格
式來開啟文件。

STEP **3** 開啟視圖

從左窗格中切換到**視圖**頁籤，並在「Cover」按
滑鼠左鍵兩下。

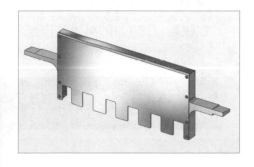

技巧

如右圖所示為說明書封面的影像。此視圖包含
了組合件的渲染風格、視角方向和縮放比例、
組合件中零件的各種屬性等。

STEP **4** 檢查爆炸視圖

在**視圖**頁籤中的 Assembly1 上按滑鼠左鍵兩下。

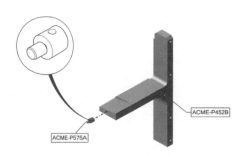

技巧

標籤和爆炸線是協同角色的類型，可用來描述
視圖。而此細部放大圖則顯示了硬體中一些較
小的部份。

STEP 5　播放動畫

從視窗左上角點選**視圖模式** 🔲，並切換至**動畫模式**
🎞️ 。

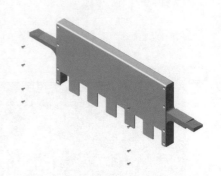

在**時間線**窗格中，取消**循環播放模式** 🔄 使動畫只播
放一次。

點選**播放** ▶ 來播放動畫。

《 技巧

動畫顯示了柵欄組合件的各個零件爆炸狀態，而攝影機紀錄變化的方向。然後透過
動畫顯示所有零件在爆炸與未爆炸的過程。

STEP 6　檢視 **BOM**

在**視圖**頁籤的 BOM 上按滑鼠左鍵兩下來查看零件清單。

《 技巧

零件清單也稱為材料明細表（BOM），亦即是一個構成組合件中各組件的列表，
BOM 中的欄位皆可自行定義，且每個組合件亦可有多個 BOM。

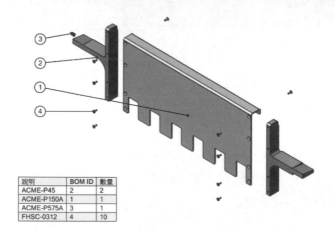

說明	BOM ID	數量
ACME-P45	2	2
ACME-P150A	1	1
ACME-P575A	3	1
FHSC-0312	4	10

STEP 7 發佈所有視圖

從功能區中,點選**工場→發佈→高解析度影像** 。

在此工場中:

- 勾選**邊線平滑化**以消除鋸齒。

- 取消勾選 **Alpha 色頻**,因為背景必須是不透明的。

- 切換至**多個**頁籤上,勾選**視圖**,將所有視圖一次性發佈。

- 點選**另存新檔,檔名**命名為 ACME-245A,點選**儲存**。

技巧

該軟體將**視圖**頁籤中的每個視圖,以**高解析度影像**工場的設定輸出為 JPEG 格式檔案。

STEP 8 插入圖片

依 STEP 1 所開啟的 Word 檔中少了一張圖。使用者可以插入圖片,使其與檔案產生
連結。如果圖檔做了更改,則當 Word 檔更新後會顯示
更新後的圖片。請將滑鼠游標放到 Word 檔第四頁中的
的 <insert picture here> 上,接著點選**插入→圖片**,選擇
ACME-245A_Assembly4.jpg,點選**插入與連結**,如右圖所
示。拖曳圖片的一角調整至合適的大小。

技巧

SOLIDWORKS Composer 產生資料後要發佈的方式很多,在 Word 檔中發佈圖片是
其中之一。

STEP 9 更新內容

有時,在 SOLIDWORKS Composer 已存有內容後,CAD
模型又進行變更。在此案例中,設計師在柵欄上補強了肋
來強化結構。這時,使用者不必從頭開始,SOLIDWORKS
Composer 可更改幾何體和中繼屬性,以及增加新零件或刪
除舊零件,只要善加利用 SOLIDWORKS Composer 的各項功
能,即可輕鬆更新視圖和動畫並重新發佈圖片。

點選**檔案**→**更新**→**SOLIDWORKS Composer 文件** ⓡ，選擇 ACME-245A_FINAL. smg，再按一下**更新**。而在縮圖上按滑鼠左鍵兩下即可查看**視圖**頁籤上的視圖。

◖技巧

> SOLIDWORKS Composer 在更新的過程中，可以增加新的零件、刪除舊的零件、更新幾何體與中繼屬性，並重建視圖與動畫。

STEP 10 重新發佈圖片

重複 STEP 7，這將重建與之前名稱相同的 JPEG 檔。保留原始名稱很重要，可讓 Word 檔正確參照更新的圖檔。

STEP 11 更新文件

在 Word 檔中點選**檔案**→**資訊**→**編輯檔案的連結**，選擇列表中的所有圖片，並點選**立即更新**。此選項通常會出現在文件內含有外部參考連結時，由於您在同一資料夾內以同樣檔案名稱（指與舊檔案相同）發佈圖片，故 Word 檔會自動顯示更新零組件後的圖片。

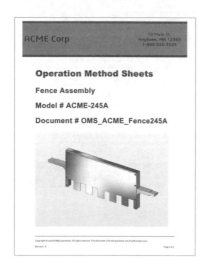

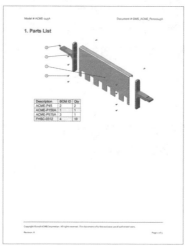

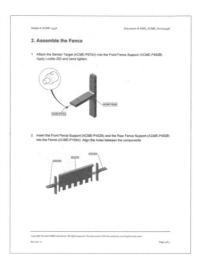

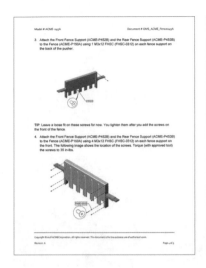

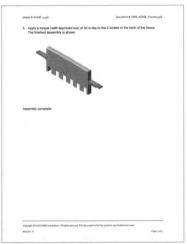

現在您已經對 SOLIDWORKS Composer 的功能有初步認知了，在後續的章節中，您將學會如何產生視圖（不同視角）與動畫、以多種格式發佈、產生互動內容等等。

NOTE

02

準備開始

 順利完成本章課程後,您將學會:

- 了解 SOLIDWORKS Composer 的關鍵術語
- 認識 SOLIDWORKS Composer 的使用者介面
- 產生和修改視圖
- 編輯零組件的屬性
- 移動幾何
- 喜好設定和預設文件屬性
- 產生圖檔
- 產生動畫

2.1 什麼是 SOLIDWORKS Composer 應用程式？

SOLIDWORKS Composer 徹底改變了使用者建立產品可交付成果的方式。使用最少的文字、加上智慧視圖和互動式內容可傳達複雜的產品生產過程。

SOLIDWORKS Composer 可從 3D CAD 資料發佈 2D 和 3D 輸出。資料可以來自許多的 3D CAD 系統，且不需要任何 CAD 知識即可使用 SOLIDWORKS Composer。

SOLIDWORKS Composer 可以輸出工業標準的文件格式，包括：

- **2D 向量圖**：SVG 和 CGM。

- **2D 高解析度點陣圖**：TIFF、JPG、PNG 和 BMP。

- **3D 和互動式內容**：PDF、FLV、MKV、HTML 和 AVI。

2.2 關於 SOLIDWORKS Composer 的注意事項

SOLIDWORKS Composer 是個獨立的應用程式，它不用在 CAD 應用程式中執行，故使用者不需要在安裝 SOLIDWORKS Composer 的同一台電腦中安裝 CAD 應用程式，多種 CAD 格式可以直接輸入至 SOLIDWORKS Composer 中。SOLIDWORKS Composer 說明主題列出了支援輸入格式和輸入選項支援等級。

2.3 概述

請開啟一個齒輪箱的 SOLIDWORKS Composer 檔案，並產生一系列圖片（視圖），以記錄如何從齒輪箱上拆下零件。接著依此產生一個動畫。

操作步驟

STEP 1 啟動 **SOLIDWORKS Composer**

在電腦桌面的 SOLIDWORKS Composer 圖示 上按滑鼠左鍵兩下。

STEP 2　開啟檔案

開啟 Lesson02\Case Study\Oil Pump.smg。

2.4　SOLIDWORKS Composer 術語

SOLIDWORKS Composer 的關鍵術語包括：

- **角色**：亦即出現在 SOLIDWORKS Composer 視窗中的物件。使用者可以隱藏或顯示角色、更改其位置，以及更改其屬性。

- **幾何角色**：亦即出現在視窗中的零件、組合件或零組件。Oil Pump 中的 Housing、Cover、Shaft 和 Pin 都是幾何角色。

- **協同角色**：亦即出現在視窗中的標記工具，如註記、測量等，還包括標籤、標註、影像和許多其他註解類型。

- **屬性**：亦即 SOLIDWORKS Composer 中對實體的描述。幾何角色、協同角色和視窗都具有屬性。例如：

  - Housing 是幾何角色；其屬性包括顏色、光澤度、不透明度等。

  - 標籤是協同角色；其屬性包括文字、字體、形狀等。

  - 視窗的屬性包括顏色、照明等。

- **中立屬型**：亦即角色的預設屬性。這些屬性最初是從 CAD 系統中輸入的資料，和使用者在 SOLIDWORKS Composer 的設定所定義的。使用者可以透過更新中立屬性來反應相應的更改。使用者可以隨時將角色的一個或多個屬性恢復為該角色的中立屬性。

- **視窗**：亦即應用程式上用來顯示角色的「舞台」。有時將其稱為圖形區域。

- **視圖**：亦即角色快照。視圖能夠抓取所有幾何角色和協同角色的非中立屬性及位置。視圖還記錄了攝影機的方向、角色的顯示情形，以及視窗的非中立屬性。

技巧

值得注意的是，SOLIDWORKS Composer 中的視圖和 CAD 中的視圖是不一樣的，SOLIDWORKS Composer 中的視圖不止是視角的方向，還包含更多的訊息。

2.5 　SOLIDWORKS Composer 使用者介面

SOLIDWORKS Composer 的使用者介面如下圖所示：

❶ 功能區 ❷ 快速存取工具列 ❸ 左窗格 ❹ 屬性窗格 ❺ 視窗 ❻ 工場窗格 ❼ 時間線窗格

2.5.1 　功能區

透過功能區可以很方便地使用常用功能，使用者可以透過功能區的標籤頁和工具列的工具來使用應用程式，若只想顯示標籤頁的名稱，您可以點選功能區右上角的**最小化功能區 ∧** 或按 **Ctrl+F1**。

2.5.2 　快速存取工具列

透過介面左上角的快速存取工具列可以輕鬆地使用應用程式的常用功能。若要自訂，您可以點選快速存取工具列右側的下拉箭頭，或在工具列上按滑鼠右鍵，並選擇**自訂快速存取工具列**。

2.5.3　左窗格

左窗格有許多頁籤，包括**組合件**、**協同作業**和**視圖**。此外若點選**視窗→顯示／隱藏**將出現其他頁籤，包括 **BOM**、**圖層**和**標記**。

◈　**組合件頁籤**

主要用來管理組合件的樹狀結構、幾何角色的顯示情形，以及選擇組，包含以下幾個項目：

* **組合件**：列出各零組件的顯示情形，組合多種幾何角色，預設情況下，SOLIDWORKS 組合件中角色的順序會和 CAD 系統的相符合。點選**按字母順序排列** ↕ 來列出角色。

  勾選角色名稱旁的核取方塊，使角色能於視窗中顯示；若取消勾選則可隱藏該角色，點選一個角色後按滑鼠右鍵以使用複製、貼上和刪除等功能。

* **方案**：描述一系列角色的動畫，在特定情況下，可以將方案從一組角色使用到另一組角色中，這樣使用者就可以省去重新建立一個動畫。

* **視圖**：列出檔案中的視圖，當位在**組合件**頁籤時，對切換視圖很有用。但通常會直接使用**視圖**頁籤即可。

* **選擇組**：列出幾何角色的選擇組。當使用者計畫重複選取多個角色時，為這些角色建立選擇組是非常有用的。

◰ 技巧

組合件頁籤顯示的選項僅包含幾何角色。**協同作業**頁籤顯示的選項則包含協同角色、或幾何角色與協同角色的組合。

* **熱點**：為一組角色，和選擇組類似，具有強調顯示、工具提示和連結屬性。熱點可取代單一角色，其主要目的是在向量輸出中設定自訂熱點。熱點可以同時包含幾何角色和協同角色。

⬡ 協同作業頁籤

列出並指示協同角色的顯示情形，勾選角色名稱旁的核取方塊，即可在視窗中顯示該角色；若取消勾選則可隱藏該角色。協同角色按類型分組，當使用者計畫重複選取多個角色時，可為此建立選擇組。

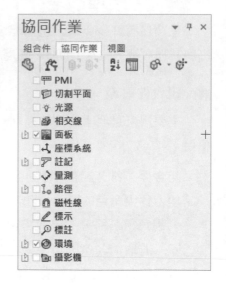

⬡ 視圖頁籤

用來管理 SOLIDWORKS Composer 文件中的視圖。使用此頁籤可以產生、更新和顯示視圖，視圖的預覽會以縮圖方式顯示，頁籤上方的工具列按鈕可以控制或播放視圖。

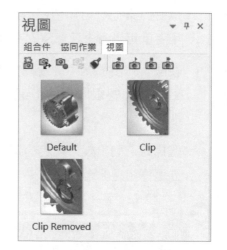

2.6 視圖

視圖代表著角色的快照。視圖可抓取所有幾何角色和協同角色的非中立屬性和位置，視圖還記錄了攝影機的方向、角色的顯示情形，以及視窗的非中立屬性。

建立具有所有角色的正確外觀和位置的視圖，對於 2D 輸出的順利產生非常重要。一旦視圖的設定無誤，則順利取得 2D 輸出的過程就會縮減到設定適當的輸出選項。

STEP ➤ **3** 產生新的視圖

在左窗格**視圖**頁籤上點選**產生視圖** 圖，並按鍵盤上的 **F2**，將該視圖重新命名為 Clip。

> 提示 首次開啟文件時是沒有預設視圖的，建議您將開啟的原始狀態建立為預設視
> 圖，這可讓您輕鬆地將檔案返回到其原始外觀。（本章提供的許多範例檔都已存
> 有一個名為 Default 的視圖。）

2.7 導覽工具

SOLIDWORKS Composer 可顯示從 CAD 應用程式輸入的 3D 組合件，並使用攝影機的
各種方位來顯示，還可透過多種方法在 SOLIDWORKS Composer 的視窗中縮放和旋轉角色。

⬡ 常用滑鼠導覽工具

透過滑鼠按鈕可以使用一些最常用的導覽工具。這些常用功能如下：

滑鼠	動作
滾輪捲動	放大和縮小視窗中滑鼠指向的部份。
在角色上按滑鼠兩下	對已選定的角色縮放。
在視窗的空白處按滑鼠兩下	對所有可見的角色縮放到適當大小。
按住滑鼠滾輪拖曳	平移角色。
按住滑鼠右鍵拖曳	圍繞螢幕旋轉角色。如果在拖曳前以滑鼠右鍵點選某角色，則可繞著角色旋轉。

STEP ➤ **4** 攝影機位置

使用導覽工具定點視圖，因此攝影機被放大並對準了如右
圖所示的 Clip。

2.8 更新視圖

若有編輯了視圖，則必須更新它以儲存視圖設定。若不更新視圖，則系統會彈出更新或儲存視圖的提示訊息給使用者，而彈出訊息的內容則會根據視圖的切換方式而定。其中一條訊息是：目前視圖＜視圖名稱＞已變更。是否要更新視圖，或將變更儲存到新視圖？

- 點選**更新**，以更新當前視圖。

- 點選**儲存**，以產生新視圖。

- 點選**不儲存**，放棄儲存以顯示下一個視圖。

    另一條訊息是：該視圖尚未儲存！想要儲存新視圖嗎？

- 點選**是**，以產生新視圖。

- 點選**否**，放棄儲存以顯示下一個視圖。

STEP 5　更新視圖

選取 Clip 視圖後，點選**更新視圖** 。

STEP 6　切換視圖

在 Default 視圖上按滑鼠左鍵兩下，以在視窗中顯示該視圖。

2.8.1　屬性窗格

屬性窗格可顯示所選角色的屬性。顯示的**屬性**頁籤用於顯示視窗的屬性。請注意，使用者可以更改**背景顏色**和**底部色彩**以產生漸變效果。

技巧

在屬性名稱旁邊出現的 ⊙ 符號，表示該屬性在動畫過程中無法更改。

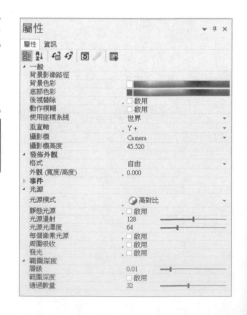

STEP **7** 更改屬性

在視窗中點選 Clip 角色，屬性頁籤會反映出 Clip 的屬性，在屬性頁籤的**環境效果→類型**中，點選**鋁**，即可看到 Clip 現在具有鋁質外觀，先不要更新視圖。

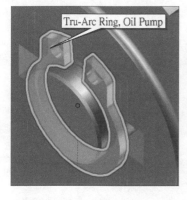

STEP **8** 切換視圖

在 Clip 視圖上按滑鼠左鍵兩下。由於視圖在切換之前並未更新，因此會出現以下訊息：

目前視圖（預設）已變更。是否要更新視圖，或將變更儲存到新視圖？

點選**更新**儲存設定，並套用至 Default 視圖中。

技巧

鋁質外觀將套用至 Default 視圖，而不套用至 Clip 視圖。

STEP **9** 設定中立屬性

在 Default 視圖上按滑鼠左鍵兩下，接著從視窗中選擇 Clip 角色。

在屬性頁籤中選擇**鋁**，並點選設定為中立屬性 。

STEP 10 觀察變更

在 Clip 視圖上按滑鼠左鍵兩下,觀察鋁外觀如何轉變視圖。

2.9 協同角色

SOLIDWORKS Composer 允許使用者使用協同角色來標記視圖。

STEP 11 加入箭頭

從功能區中點選**作者→標示→箭頭** ➡ 。

在視窗中,按一下即可放置箭頭頭部,再按一下則可放置箭頭尾部。

按鍵盤上的 **Esc** 退出。

 技巧

> 如果未正確放置箭頭,則可以點選視窗中的箭頭,手動重新定位,或使用鍵盤上的 **Delete** 鍵將其刪除,然後重新開始。

2.點選這裡

1.點選這裡

STEP 12 更新視圖

選擇 Clip 視圖後,點選**更新視圖** 。

2.10 攝影機視圖

有些特殊類型的視圖稱為自訂視圖，其可抓取特定視圖的詳細訊息子集。自訂視圖類型的其中之一是攝影機視圖。攝影機視圖只能抓取攝影機方向和縮放程度。

STEP 13 產生攝影機視圖

選擇 Clip 視圖後，點選**產生攝影機視圖** 。

選取視圖並點選鍵盤上的 **F2**，將該視圖重新命名為 Camera View。

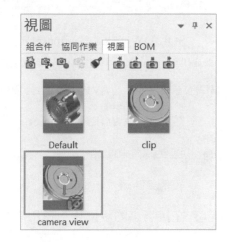

STEP 14 產生新視圖

在 Default 視圖上按滑鼠左鍵兩下，接著在攝影機視圖上按滑鼠左鍵兩下，點選**產生視圖** 。

選取視圖後，點選鍵盤上的 **F2**，將該視圖重新命名為 Clip Removed。

2.11 轉換

轉換工具讓使用者可以移動零組件。在 SOLIDWORKS Composer 中移動零件的原因很多，尤其是在記錄設計或建立組合件說明時。

STEP 15 移動 Clip

從功能區中點選**轉換→移動→平移** ，再從視窗中選擇 Clip 角色。此時座標軸會出現，請點選座標軸的綠色箭頭向下移動並按一下以放置 Clip，如右圖所示。按鍵盤上的 **Esc** 退出。

STEP 16 更新視圖

選擇 Clip Removed 視圖後，點選**更新視圖** 。

2.12 產生 2D 輸出

SOLIDWORKS Composer 是一款發佈工具。當使用者在 SOLIDWORKS Composer 中建立視圖和動畫後，即可將這些視圖儲存、輸出或發佈為 2D 影像（JPG、BMP、SVG 等）或 3D 互動式內容（AVI、HTML、PDF 等）。使用 SOLIDWORKS Composer 的方法是：

1. 在 SOLIDWORKS Composer 中輸入 CAD 檔案。

2. 建立視圖和動畫。

3. 發佈 2D 或 3D 輸出。

在接下來的步驟中，使用者將藉由儲存 Oil Pump 的影像來強化熟悉該過程。

2.12.1 工場

您可以在應用程式視窗右側的工場中存取產品的某些功能，點選工場上方的選單以查看列表。本書將根據需要各別說明。

工場
入門
說明
說明主題
入門
視訊提示
新增功能？
開啟舊檔
Oil Pump.smg
ConveyorSystemfin.smg
ConveyorSystem.smg
輪廓中心、對稱、寬度.SLDASM
Swingset_MarketingFIN.smg
Wrench.SLDPRT
solenoid.smg
Swingset_Marketing.smg
更多...
選擇樣本...
模型瀏覽器

STEP **17** 發佈視圖

從功能區中點選**工場→發佈→高解析度影像** 🖼 。

在此工場中：

- 勾選**邊線平滑化**以消除鋸齒。

- 取消勾選 **Alpha 色頻**，因為背景必須是不透明的。

- 切換至**多個**頁籤上，取消勾選**視圖**，僅發佈目前視圖。

- 點選**另存新檔**，**檔名**命名為 Oil Pump，點選**儲存**。

軟體使用**高解析度影像**工場的設定，為目前視圖產生 JPEG 檔案。

2.13 視圖模式 / 動畫模式

由左上角的圖示可得知使用者目前是處於視圖模式 🔳 還是
動畫模式 🎞 。在視圖模式下，角色屬性和位置的更改不會影響
動畫或其時間線中的任何內容。但在動畫模式下，角色屬性和
位置的更改，發生在時間線窗格中的時間列指向的時間。

視圖模式　　動畫模式

2.13.1 時間線窗格

這是使用者控制動畫的地方。使用者可使用已產生的視圖製作動畫。

STEP **18** 切換到動畫模式

點選視窗左上角的圖示 🔳 ，再切換到 🎞 圖示，讓動畫模式處於啟動狀態。

STEP **19** 將預設視圖拖到時間線

將 Default 視圖從**視圖**頁籤拖到時間線的 0 秒處。

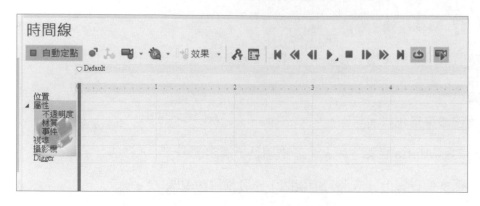

請注意，視圖的名稱已被加上標記。標記是時間線窗格中的註釋，其對動畫中的定點事件很有用。更重要的是，其對於加入事件以觸發動畫至關重要，您將在後續章節看到。

STEP **20** 將 **Clip Removed** 視圖拖到時間線

將 Clip Removed 視圖從**視圖**頁籤拖到時間線的 4 秒處。

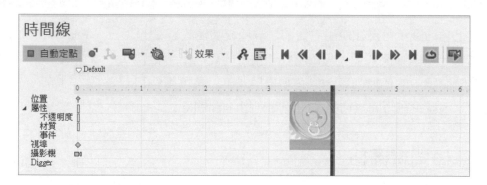

STEP **21** 播放動畫

在**時間線**窗格中，取消**循環播放模式** ↺，所以動畫播放一次。

點選**播放** ▶ 以播放動畫。請注意，當 Clip 角色從軸上移除時，模型會放大到軸末端的注視區域。

STEP **22** 儲存動畫

從功能區中，點選**工場→發佈→視訊** ▦，在此工場中，點選**將視訊另存為**，檔名輸入 Oil Pump 後**儲存**，將產生一 MP4 檔案。

STEP **23** 儲存並關閉檔案

練習 2-1 導覽工具

練習使用導覽工具，例如縮放、旋轉和平移。完成練習後，請將如下圖所示的新視圖儲存為 SOLIDWORKS Composer 檔案。此練習可加強以下技能：

- 建立預設視圖

- 導覽工具

開啟 Lesson02\Exercises\toy car.smg。

進行任何更改之前，請建立一個預設視圖

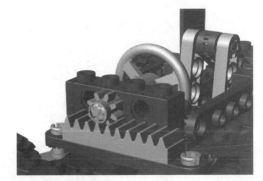

放大，將機械轉向，建立一個名為 Wheel 的新視圖

旋轉放大到車背面的轉軸，建立一個名為 Axle 的新視圖

NOTE

03

產生封面和
細部放大圖

 順利完成本章課程後，您將學會：

- 應用各種渲染樣式

- 使用進階導覽工具縮放並圍繞 3D 模型旋轉

- 使用攝影機視圖定位模型

- 發佈 2D 點陣圖片

- 使用 Digger 查看細部放大圖

3.1 概述

在本課程中,您將產生兩個點陣圖。其中一張圖片將應用在手冊的封面上,另一張圖片則應用細部放大圖來表現特定角色的細節,如下圖所示。

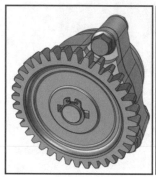 

操作步驟

STEP **1** 開啟檔案

開啟 Lesson03\Case study\Oil Pump.smg。

STEP **2** 確認視圖模式

查看視窗的左上角,確認目前處於視圖模式 🔲。

STEP **3** 產生預設視圖

啟動左窗格中的**視圖**頁籤。

在**視圖**頁籤中點選**產生視圖** 🖼,將視圖重新命名為 Default。

STEP **4** 產生新視圖

在**視圖**頁籤中點選**產生視圖** 🖼,將視圖重新命名為 Cover。

此新視圖和 Default 視圖完全相同。稍後我們將進行一些更改,接著更新 Cover 視圖。

3.2 | 渲染工具

SOLIDWORKS Composer 包含了多種的渲染模式可以修正模型的外觀和運用顯示效果，您可以切換邊線的顯示情形，並將塗彩模式切換到輪廓的模式，也可以將技術圖示中常見的視覺效果應用到手冊和維修指南中。

STEP **5** 測試不同的渲染模式

透過**渲染→模式**來嘗試不同的渲染模式。

STEP **6** 變更渲染模式

點選**渲染→模式→模式** ⬚ **→技術** ⬚。

STEP **7** 關閉地面效果

點選**渲染→地面→地面** ⬚ 以關閉地面效果。

> 提示 地面效果是具有自己的一組屬性的協同角色。在**協同作業**頁籤上，展開**環境**並選擇**地面**。然後在**屬性**頁籤中修改地面的屬性。

STEP **8** 修改漸層背景

點選視窗背景色彩，在**屬性**頁籤中，變更**底部色彩**為淡紅色。

3.2.1 縮放和旋轉工具

在第 2 章中，使用者學會如何使用滑鼠控制攝影機。而位於功能區的**首頁→導覽**中的其他導覽工具，可用在視窗中縮放、旋轉和平移組合件。這些導覽工具中有許多是以滑鼠來使用的工具，但飛過模式和慣性模式提供了一種特別的模型導覽方式。這些工具包括：

工具	動作
旋轉模式 ✥	當選取後，您可以按住滑鼠的左鍵來旋轉角色至任意的方向。
平移模式 ✥	當選取後，您可以按住滑鼠左鍵並在整個螢幕中移動角色。
縮放模式 ⁺🔍	當選取後，您可以按住滑鼠左鍵並垂直的拖曳來放大或縮小。
縮放區域模式 🔍	當選取後，您可以由左至右拖曳視窗，並在選定區域內進行放大。
飛過模式 ✈	• 按住滑鼠左鍵來把模型拉得更近，就好像您朝著它飛進去一樣，當按住滑鼠左鍵時，移動滑鼠會重新定位模型的中心。 • 按住滑鼠右鍵則會拉遠距離。 • 按住鍵盤的**向上箭頭**或**向下箭頭**來提高或是降低飛過效果的速度。
慣性模式 ☝	在操作結束後，系統允許模型繼續旋轉或平移，就好像其被慣性所影響，當旋轉或平移的速度越快，則結束後受到慣性影響就越大。 提示：您無法改變此模式影響的強度。
全部設成最適當大小 ⟨⟩	點選此工具以顯示全部可見的角色，無論是幾何還是協同角色。
縮放選擇 ⟨🔍⟩	選擇一個角色，接著點選此工具，將會對選定的角色進行縮放。

3.2.2 導覽工具設定

SOLIDWORKS Composer 可以修改導覽工具的預設。如果您熟悉 SOLIDWORKS 以外的 CAD 應用程式，則可以透過以下方式編輯預設導覽工具：

* 要更改滑鼠中間滾輪縮放的方向，請點選**檔案→喜好設定** ⚙ **→導覽**，並切換至**反轉滑鼠滾輪**。

* 要更改滑鼠右鍵和滾輪的預設操作，請點選**檔案→喜好設定** ⚙ **→導覽**，並更改選單。

* 要將所有設定回復為預設設定，請點選**檔案→喜好設定** ⚙ **→導覽**，並點選**重設**。

STEP▶ 9 測試各種導覽工具

點選**首頁→導覽**，並嘗試各種導覽工具。

3.3 | 攝影機對齊工具

除了縮放、平移和旋轉的工具之外，還有其他工具可以控制攝影機的方向，包括：有預設的攝影機視圖、四個可調整的自訂視圖，以及讓您可以直接將攝影機對正面的工具。

3.3.1 預設攝影機視圖

您可以透過切換方向來觀察角色的正面、背面、頂部、底部、左側或右側。也可以將攝影機定位在四個預設的旋轉攝影機視圖之一。

STEP 10 切換到後視圖

點選**首頁→導覽→對正攝影機** → **前視 / 後視** ，以切換到前視圖，再次點選相同的工具則切換到後視圖。

STEP 11 切換到等角視圖

點選**首頁→導覽→對正攝影機** → **3/4 X+Y+Z+** ，以切換到等角視圖。

3.3.2 將攝影機對正面

您可以將攝影機對齊到任意面（平面或非平面）。選擇角色上的一個面後，角色會旋轉到與所選面對齊的位置，即與螢幕平行。

STEP 12 測試將攝影機對正面的工具

點選**首頁→導覽→對正攝影機** → **將攝影機對正面** ，再選擇一個面直接觀看該面。完成後按 **Esc** 關閉工具。

3.3.3 自訂攝影機視圖

您最多可以建立四個自訂攝影機視圖，通常這些視圖都是遵循公司對產品的要求標準。自訂攝影機視圖為一文件屬性。

STEP 13 產生自訂攝影機視圖

點選**檔案→屬性→文檔屬性** →**視窗**。

在**自訂攝影機視圖**中輸入 My View 這個名稱，接著在 **Theta** 輸入數值 20 度、**Phi** 輸入數值為 30 度，接著勾選**正交**核取方塊，以產生正交視圖。若取消勾選**正交**核取方塊，則會產生透視圖。點選**確定**。

> 技巧
>
> **Theta** 是一個視角的數值，即前視圖與垂直軸線的夾角，若 Theta 值為正值，表示視角將置於前視圖的右側，若 Theta 值為負值，則表示視角將置於前視圖的左側，在球的座標系中代表著經度。**Phi** 是一個用來表示高於或低於水平基準面的視角數值，若 Phi 值為正值，表示攝影機將會置於水平基準面的上方，若 Phi 為負值，則表示攝影機將會置於水平基準面的下方，在球的座標系中代表著緯度。注意不能在視窗中旋轉組合件後再決定 Theta 和 Phi 值。

STEP **14** 開啟自訂攝影機視圖

點選**首頁→導覽→對正攝影機** ↕ **→我的視圖** ⬠，將角色旋轉到指定的方向。

> 提示　在本章中，您可以產生一個僅適用於 Oil Pump 文件的自訂攝影機視圖來做為文件屬性。通常，我們會將它們建立為預設文件屬性，並將此設定用於之後從 CAD 程式中輸入的組合件上。

3.3.4　透視圖

還有另一個攝影機視圖，可用於產生透視圖。透視圖即眼睛看到的自然視圖，即平行線向後退到消失點的距離。您可以將透視圖應用於任何視圖。

STEP **15** 加入透視圖

點選狀態列上的**攝影機遠近透視模式** ⬚。

> ◖技巧
> 您可以將透視角更改為系統設定，請點選**檔案→喜好設定** ⚙ **→攝影機**和修改預設遠近透視。

STEP **16** 縮放到合適大小

在背景圖上按滑鼠左鍵兩下，以進行縮放觀看整個組合件。

STEP **17** 更新視圖

在**視圖**頁籤中選擇 Cover 視圖後，點選**更新視圖** ⬚，縮圖預覽將更新。

STEP **18** 儲存檔案

3.4　自訂渲染

渲染模式列表中的大多數工具皆適用於所有幾何角色。然而，您可以使用自訂渲染，以一種樣式渲染於一組選定的幾何角色中，並以另一種樣式渲染另一組幾何角色。方法是先選擇**渲染→模式** ☐ **→自訂** ☐ ，接著修改所選幾何角色的**自訂渲染**屬性。

STEP **19** 準備組合件

關閉狀態列上的**攝影機遠近透視模式** ☑ ，將視窗的底部色彩屬性更改為白色，點選**渲染→地面→地面** ☐ 以關閉地面效果。

STEP **20** 自訂渲染

點選**渲染→模式→模式** ☐ **→自訂** ☐ 。

從視窗中選擇 Gear 角色，接著在屬性頁籤中點選**自訂渲染 →渲染→平坦技術** ☐ 。

其他變化：

* 將 Clip 更改為**平坦技術** ☐ 。

* 將 Housing 更改為**側影輪廓** ☐ 。

3.5　使用 Digger

Digger 工具允許使用者放大模型的不同區域，以查看角色後面的模型及其他功能。只要在 Digger 中看到所需的組合件視圖後，就可以為此細部放大圖產生 2D 影像，Digger 影像的解析度是由高解析度影像工場所設定控制。

下圖顯示了 Digger 上的工具，下表介紹了這些工具。

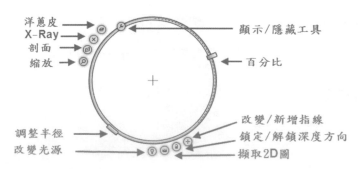

工具	功能
半徑	拖曳該工具以更改 Digger 大小。
百分比	該控制點用於洋蔥皮、X 光、切割平面和縮放工具。
顯示 / 隱藏工具	可顯示或隱藏 Digger 圓圈工具，例如洋蔥皮和 X 光。
洋蔥皮	點選啟動該工具，然後拖曳 Digger 圓圈的百分比控制點來隱藏角色。
X 光	點選啟動該工具，然後拖曳 Digger 圓圈的百分比控制點。隨著深度的增加，角色會先變為透明化的狀態，然後以漸變的方式隱藏。
切割平面	點選啟動該工具，然後拖曳 Digger 圓圈的百分比控制點，以使用切割平面來切割角色。
縮放	點選啟動該工具，然後拖曳 Digger 圓圈的百分比控制點以縮放角色。
變更光源	將該工具拖到 Digger 圓圈內部可照亮角色；將該工具拖到 Digger 圓圈外部則取消該效果。
抓取 2D 影像中的圖片	點選該工具，可以在 Digger 中產生一個視圖的 2D 影像頁籤，它是一個協同角色，使用者可以點選該影像並更改它。
鎖定 / 解鎖深度方向	該工具可以作用在洋蔥皮、X 光和切割平面等工具上。 • 選擇鎖定，當使用者在視窗上選擇模型時，這些工具將保持它們的初始深度和方向。 • 選擇解鎖，這些工具會隨著使用者旋轉模型面更新。
變更興趣中心	首先，將 Digger 的位置從目前角色中移開，然後，拖曳該工具到更感興趣的角色位置，這可以讓使用者將 Digger 的移動功能用在模型的另一側，以便更加清楚地觀察角色。 • 要想改變興趣中心，只要拖曳該工具到更感興趣的角色位置。 • 要將感興趣的中心返回到 Digger 的中心，只要將該工具拖到 Digger 裡面。

接下來，我們使用 Digger 產生兩個細部放大圖。

STEP 21 放置模型

使用平移和縮放工具，將組合件放在視窗的中上位置。

STEP 22 啟動 Digger

以滑鼠在組合件下方的視窗點一下，並按**空白鍵**。

STEP **23** 顯示 Digger 工具

如果 Digger 工具目前沒出現,請點選**顯示 / 隱藏工具** ☉。

STEP **24** 聚焦於 retaining ring

拖曳**變更興趣中心** ⊕ 工具,直到它指向 retaining ring。

STEP **25** 調整 Digger 視圖的大小

拖曳**半徑** ✎ 工具以更改視圖的大小。

STEP **26** 更改縮放比例

拖曳**百分比** ✐ 工具以更改縮放比例。

STEP **27** 產生細部放大圖

點選**抓取 2D 影像中的圖片** ⑩,以產生細部放大圖的 2D 影像。

> **提示** 您可以在由 Digger 抓取下來的影像上按滑鼠兩下以編輯它。

STEP **28** 啟動新的 Digger 實例

以滑鼠在組合件右側的視窗點一下,並按**空白鍵**。

STEP **29** 縮小並聚焦在 Oil Pump 的中心

將**縮放百分比** ✐ 拖曳到 0%,拖曳**變更興趣中心** ⊕ 工具到 Oil Pump 組合件中心。

STEP **30** 查看 Oil Pump 內部

點選 **X 光** ⊗ 工具,再拖曳**百分比** ✐ 工具修改在 Digger 圓圈內角色的數量,直到可以看到內轉子和外轉子。

STEP **31** 產生細部放大圖

點選**抓取 2D 影像中的圖片** ,產生細部
放大圖的 2D 影像。您的細部放大圖可能會有
所不同,主要取決於 Digger 圓的大小和**百分
比**控制點的位置。

> **提示**
> - 要更改邊框,請選擇影像並更
>   改**形狀**和**邊框**屬性。
> - SOLIDWORKS Composer 產生
>   細部放大圖的一種方法是使用
>   Digger。您也可以使用**高解析度
>   影像**和**技術圖示**工場。

以下將產生一個視圖並發佈另一個點陣圖檔案來完成本章。

STEP **32** 產生視圖

在**視圖**頁籤中,點選**產生視圖** ,將視圖重命名為 Digger Detail。

STEP **33** 發佈視圖

從功能區中,點選**工場→發佈→高解析度影像** 。

在此工場中:

- 勾選**邊線平滑化**以消除鋸齒。

- 取消勾選 **Alpha 色頻**,因為背景必須是不透明的。

- 切換至**多個**頁籤上,取消勾選**視圖**,僅發佈目前視圖。

- 點選**另存新檔**,**檔名**命名為 Digger Detail,點選**儲存**。

  軟體使用**高解析度影像工場**的設定,為目前視圖產生 JPEG 檔案。

STEP **34** 儲存並關閉檔案

練習 3-1 使用 Digger

練習使用 Digger。完成練習後,請將如下圖所示的新視圖儲存為 SOLIDWORKS Composer 檔案,並放置 Digger 及調整其大小。此練習可加強以下技能:

- Digger

開啟 Lesson03\Exercises\toy car.smg。

> **注意** 在建立下一個視圖前請先確認視圖中的 2D 影像頁籤已經隱藏,方法是選擇 2D 影像頁籤並按下 **h**,或在**協同作業**頁籤中取消勾選 2D 影像前的核取方塊,如果在頁籤中刪除了 **2D 影像**,那麼當要再次啟動原始視圖時,2D 影像將無法正常顯示。

放大方向盤

移除角色並顯示底盤的 X 光視圖

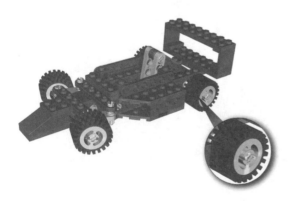

放大輪胎。將 Digger 從模型上移開

新增燈光以強調顯示轉向機構。
將 Digger 從模型上移開

練習 3-2 更新視圖

練習更新視圖。完成練習後，請將如下圖所示的更新視圖儲存為 SOLIDWORKS Composer 檔案。此練習可加強以下技能：

- 攝影機對齊工具
- 更新視圖
- Digger 工具

開啟 Lesson03\Exercises\jig saw.smg。啟動位於**視圖**欄中的視圖，在**更新**欄中實施具體的改變，更新視圖後，使其顯示在**更新後的視圖**欄中。

視圖	更新	更新後的視圖
View 1	不使用遠近透視模式，選擇縮放到適當的大小。	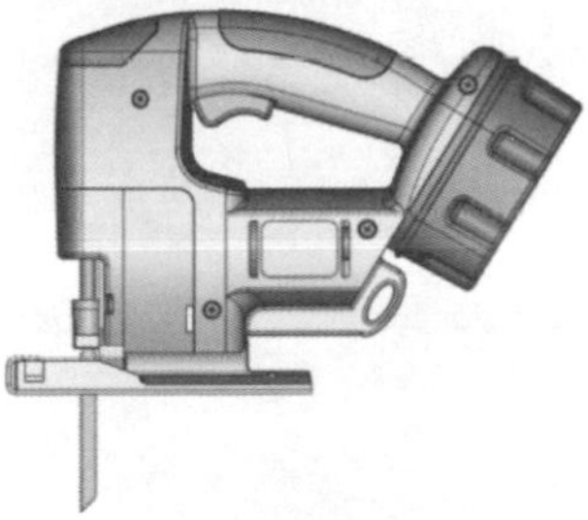
View 2	從模型中移除 Digger，在模型 saw blade 中變更興趣中心。	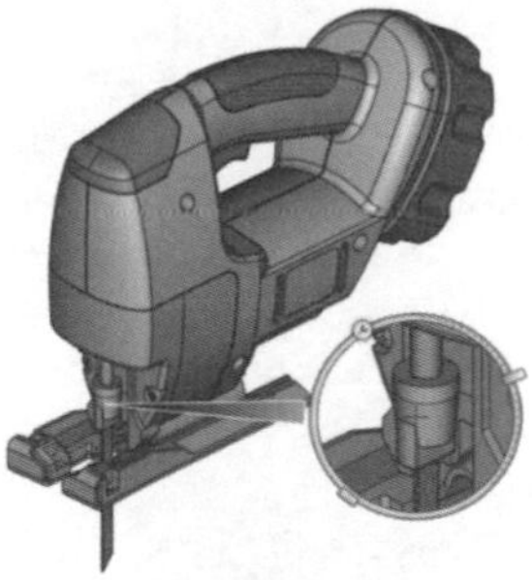
View 3	產生自訂攝影機視圖，Theta=15 度，Phi=30 度，之後再應用該自訂視圖。	

NOTE

04

產生爆炸視圖

順利完成本章課程後,您將學會:

- 切換角色的顯示情形
- 產生爆炸視圖
- 新增標籤和標註
- 使用樣式控制角色的外觀
- 產生向量輸出

4.1 概述

本章我們將產生一個包含爆炸直線、標籤和細部放大圖的爆炸視圖。然後將此視圖發佈為向量圖形檔案。

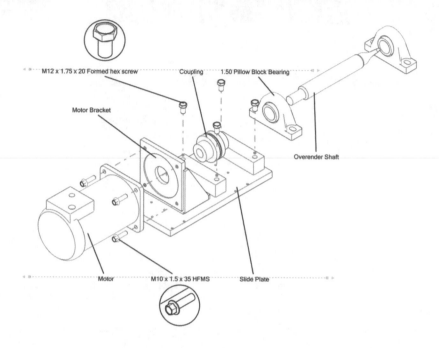

4.2 顯示情形工具

在**首頁→顯示情形**工具列中的工具可以隱藏、透明化或顯示角色，並提供簡便的方法可一次更改多個角色的外觀。

工具名稱	功能說明
◉ 顯示全部	顯示所有角色。
◉ 顯示所有幾何	顯示所有幾何角色。
◉ 顯示選擇並隱藏其他	顯示所選角色，隱藏所有其他角色。
◉ 顯示選擇並將其他透明化	顯示所選角色，透明化所有其他角色。
◉ 隱藏選擇	隱藏所選角色。

工具名稱	功能說明
◉ 顯示選擇	顯示所選角色。
◉ 透明化選擇	讓所選角色透明化。
◉ 倒轉顯示情形	隱藏可見角色並顯示隱藏的角色。
◉ 使用透明化倒轉顯示情形	透明化可見角色並顯示隱藏的角色。
◉ 取消透明化	還原所有透明化角色的完整顯示情形。
◉ 還原使用中視圖的顯示情形	將所有角色的顯示情形還原到上次更新的狀態。其他屬性如顏色、不透明度、位置等將不會被還原。
◉ 在顯示情形上載入	可以視需要將完全炸開的組合件中的角色加載到模型中。
◉ 協同作業	顯示或隱藏所有協同角色。
◉ 標註	顯示或隱藏所有標註角色。
BOM 表格	顯示或隱藏所有 BOM 表格。

現在就使用這些工具來顯示一些幾何角色，同時隱藏剩餘的幾何角色。

操作步驟

STEP 1　開啟檔案

開啟 Lesson04\Case Study\Overturning Mechanism.smg。

STEP 2　產生預設視圖

在**視圖**頁籤中點選**產生視圖** 🖫，將視圖重新命名為 Default。點選**渲染→地面→地面** 🖫以關閉地面效果。將視窗的**底部色彩**更改為白色。

STEP 3　僅顯示 slide plate

在左窗格的**組合件**頁籤中，勾選 **slide plate_&.**，
點選**首頁→顯示情形→顯示情形** ◉ →**顯示選擇並隱藏其他** ◉。

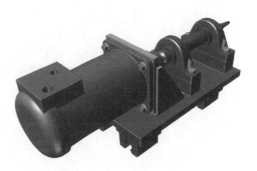

STEP ▶ 4 隱藏 **rail slides**

點選**首頁→導覽→選擇** ┼ →**選擇副本** ■,然後點選 rail_slide_& 的其中一個角色以選取全部。點選**首頁→顯示情形→顯示情形** ◉ →**隱藏選擇** ⊘。

STEP ▶ 5 產生視圖

關閉狀態列上的**攝影機遠近透視模式** ✐。

點選**全部設成最適當大小** ⌖,並在**視圖**頁籤中,點選**產生視圖** ⛁,將視圖重新命名為 Explode。

4.3 爆炸視圖

爆炸圖顯示了按距離分開的組合件零件,爆炸視圖在顯示零件放置的手冊中很常見。通常,爆炸視圖與 BOM 表和標註是有相關聯的,用於表示零件列表中的檔案。

SOLIDWORKS Composer 中有多種產生爆炸視圖的方法,您可以將選定的零組件單獨拖曳到新位置,並可以使用線性、球形或圓柱形爆炸視圖來自動增加角色之間的空間。

工具名稱	功能說明
✍ 自由拖曳模式	選擇一個角色並將它拖曳到視窗中的任何位置。
☞→ 平移模式	選擇一個角色,就會出現該角色的座標軸。選擇座標軸的其中一個,可以使所選角色沿著軸移動。選擇座標軸的扇形區域,可使所選角色沿著平行於扇形區域的平面移動。
☞♪ 旋轉模式	選擇一個角色,就會出現一個球形軸,選擇球形軸的一條弧線,可以使所選角色繞著該弧線轉動。
✎ 無轉換模式	可停用所有轉換。這是預設模式,可防止您無意中移動角色。
⊞ 曲線偵測模式	將此工具與**平移** ☞→、**旋轉** ☞♪ 或其中一種爆炸工具結合使用。選擇角色,點選此工具,選擇幾何角色的邊或面,然後拖曳。選定的角色沿著偵測到的曲線所指定的方向平移或繞其旋轉。或者,您可以按住 Alt 鍵,然後選擇幾何角色的邊或面,也能達到相同效果。 提示:邊或面並不要求與角色相連,或接近使用者想要移動的角色。

工具名稱	功能說明
🔩 還原中立位置	點選所選的幾何角色以移動置該角色的中立位置。當您從 CAD 系統輸入組合件時,將設定中立位置。 提示:您可以更新角色的中立位置。選擇角色,接著在**屬性**頁籤中點選**設為中立屬性** 🔩。
⣿ 線性爆炸模式 ⣿ 球形爆炸模式 ⣿ 圓柱形爆炸模式	當使用者拖曳角色時,自動在角色之間增加空間,爆炸的方向取決於使用者選擇的工具。 提示:透過爆炸零件的工具,在做動畫時這些工具就顯得非常實用。

4.3.1 線性爆炸

當使用**線性爆炸** ⣿ 時,軟體會使用每個角色的邊界框中心來決定每個角色移動的距離。邊界方塊中心沿著移動方向移動越遠的角色,其移 距離也最多。邊界方塊中心離移動方向最遠的角色不會移動。

提示 當使用**線性爆炸** ⣿ 模式時,選擇額外您不想移動的角色,此一角色會像一個錨一樣,且會位於與您想要爆炸的的組合件角色相反的方向。

接著就使用移動和爆炸工具產生 slide plate 組合件的爆炸視圖。

STEP 6 爆炸 motor 和 screws

選擇要爆炸的角色:motor_& 和連接到**馬達**支架的四個 hex flange machine screw_am。

提示 使用 STEP 4 中的**選擇副本** 🔩 選擇螺釘。

點選**轉換→爆炸→線性** ⚬⚬⚬ 。點選座標軸的藍色箭頭，向左移動滑鼠爆炸零件，再按一下以放置零件。

> **提示**　確認角色仍在圖紙上，以便您在本章最後可正確地發佈，點選**顯示 / 隱藏紙張** ▣ 來查看紙張的邊界。

STEP **7**　平移馬達螺釘

選擇四個 hex flange machine screw _ am 角色，點選**轉換→移動→平移** ▣→ ，點選座標軸的藍色箭頭，向左移動滑鼠，使左側已經爆炸的螺絲移動到馬達左側邊緣的位置。

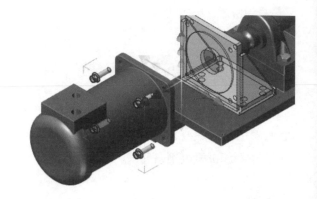

STEP **8**　平移軸承螺釘

選擇隸屬於軸承 slide plate_& 的四個 formed hex screw_ am 角色，確認**平移** ▣→ 已啟動，點選座標軸的綠色箭頭，再將滑鼠游標往上移動，使螺釘移至組合件的上方。

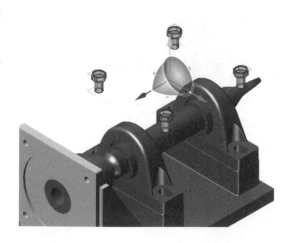

STEP **9**　爆炸軸、連結器和軸承

選擇 overender shaft_&、coupling_&、pb bearing_1.50 bore_& 角色和 motor_&（當作錨），點選**轉換→爆炸→線性** ⚬⚬⚬ ，接著點選座標軸的藍色箭頭，再將滑鼠游標移至右邊來爆炸所選的角色，在 **Esc** 上按滑鼠兩下以取消所選的角色和關閉**線性** ⚬⚬⚬ 工具。

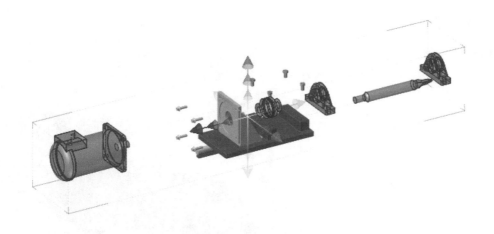

STEP **10** 更新視圖

點選**全部設成最適當大小** 🔍，選擇 Explode 視圖，並在**視圖**頁籤上點選**更新視圖** 🔄。

STEP **11** 儲存檔案

4.4 協同角色

SOLIDWORKS Composer 程式中包含很多可以在視圖中進行標示和註記的工具，包括：劃紅線工具、箭頭、影像、標籤、標註…等，這些標示和註記都屬於左窗格**協同作業**頁籤中的協同角色。

4.4.1 爆炸直線

爆炸直線是指從一個角色的組合件所在的位置到其爆炸位置的路徑，有很多工具可以在 SOLIDWORKS Composer 中產生爆炸直線，這些直線可以手動繪製，也可以是跟角色的中立位置有相關性而自動產生，或是跟角色的動畫路徑有關而自動產生，本章您將會運用到每一種方法來產生爆炸直線。

接下來，我們將會為 slide_plate_& 的八個螺釘角色產生自動爆炸直線，我們在角色的中立位置和爆炸位置中間產生路徑，這些路徑可以是關聯也可以不關聯，若角色移動則關聯路徑會自動更新，非關聯的則不會更新。

STEP **12** 產生關聯路徑

選取您先前爆炸的八顆螺釘，點選
作者→路徑→路徑 ⌷ **→從中立產生關**
聯路徑 ⌷ 。

相較於硬體來說，這些爆炸直線的
樣式太黑太粗了。接著要修改爆炸直線
的屬性，讓零件更明顯。

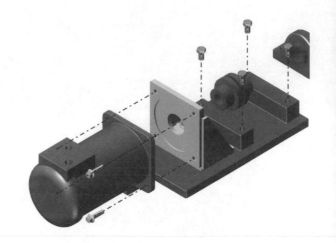

STEP **13** 更改爆炸路徑的屬性路徑

選擇所有八條路徑。

提示

可從**協同作業**頁籤中的**路徑**
選擇，並在**屬性**頁籤中更改
以下屬性：

- **維持在上方**：不勾選。
- **前線→寬度**：拖曳滾動
  條到 0.50。
- **前線→顏色**：選擇灰色。

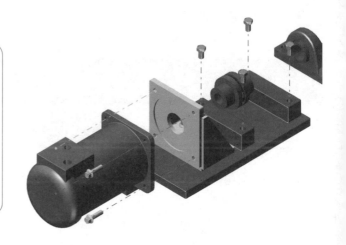

4.4.2　標籤

標籤為透過指向幾何角色標註組合件的文字方塊，在預設情況下，標籤的文字顯示幾
何角色的名字。您可以顯示中繼屬性、使用者定義的文字，或二者的組合。為了顯示替代
文字，需選擇標籤並更改**文字**和**文字字串**的屬性。

STEP **14** 為幾何角色增加標籤

點選**作者→註記→標籤** 🏷，點選一個幾何角色，像是 motor_&，然後再按一下滑鼠左
鍵以放置標籤，對其他的幾何角色重複以上的操作，為每一類角色新增標籤，例如：為四

個 formed hex screw_am 角色新增標籤,當完成新增標籤後,請按 Esc 鍵關閉標籤工具。

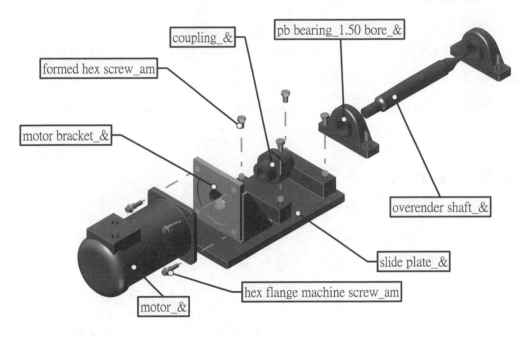

STEP 15 更改標籤文字

　　從**協同作業**頁籤中的**註記**選取所有標籤,觀察**屬性**頁籤中的**文字屬性**,內容連結的是角色的名字,更改**文字**的屬性為 **Description(Meta.Description)**,這是從 CAD 應用程式中輸入的中繼屬性。

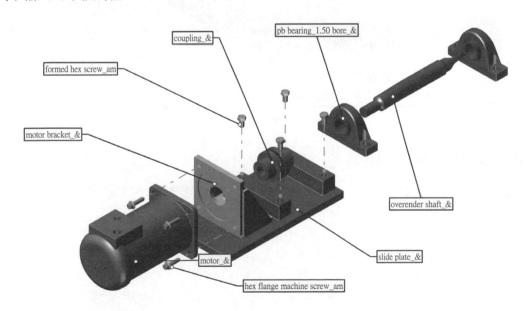

4.4.3 磁性線

磁性線可以調整以下協同角色：註記、量測和 2D 影像，您可以拖曳磁性線來提取角色，或拖曳角色到磁性線，您可以透過將磁性線的長度或間距屬性更改為自訂，來改變沿磁性線的協同角色的間距。

磁性線出現在 SOLIDWORKS Composer 的視窗中，但不會在您使用此應用程式所產生的 2D 或 3D 輸出中出現。

STEP 16 產生磁性線

點選**作者→工具→磁性→產生磁性線** ⌒，在上方一排角色上按一下滑鼠以作為磁性線的起點，然後水平移動滑鼠，再按一下滑鼠作為磁性線的終點。

重複以上的操作，在底部一排角色下產生一條磁性線，按 Esc 鍵關閉工具。

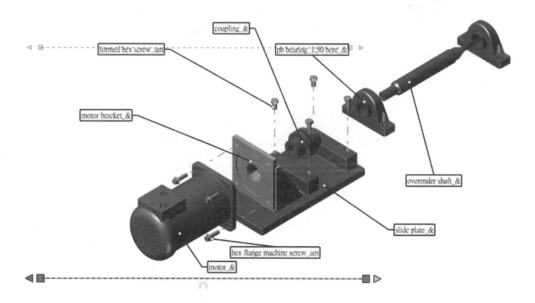

STEP 17 將標籤貼到磁性線

拖曳一些標籤至組合件上方的磁性線，再將另一些標籤拖曳到組合件下方的磁性線上。

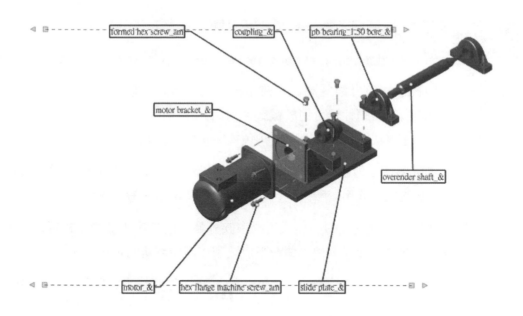

STEP 18 更改磁性線間距

選擇上方磁性線並更改**間距**屬性，從**一致**切換至**自訂**。現在，您可以沿著磁性線隨意拖曳放置標籤，而不需要自動重新定位。

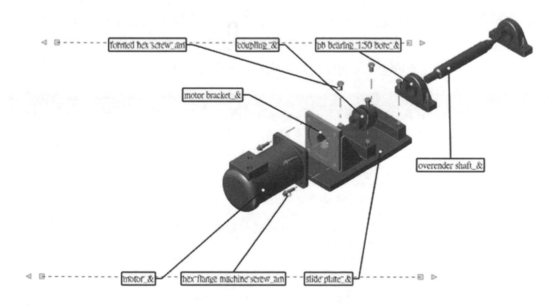

4.5 樣式

樣式包括一組控制角色外觀的屬性。使用樣式可以輕鬆實現角色的一致性外觀和行為。**屬性**頁籤中的所有可用屬性皆可用於樣式,例如,3D 箭頭的樣式可包括不透明度、顏色、邊框等的屬性設定。樣式可以修改現有角色或新角色的外觀。

樣式與使用**家族**屬性的角色類型相關聯。例如,要為標籤產生樣式時,請將**樣式**工場中的**家族**屬性設定為**註記**。適用於所有角色類型的樣式將採用**一般**的**家族**屬性。

設定**家族**屬性的好處是雙重的,樣式透過家族分類,位於功能區的**樣式**頁籤中,每個家族都可以擁有自己的預設樣式,預設情況下以該家族應用到新的角色中。

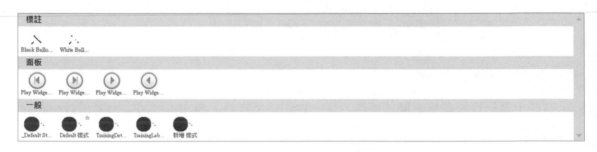

不知不覺中,其實您已經在使用樣式了,您產生的所有協同角色都採用了「Default 樣式」,當沒有指定一個特定的預設值給任何家族時,軟體將從一般家族應用 Default 樣式給該角色。樣式還包括了其他功能,可在功能區的**樣式**頁籤或**樣式**工場中找到。

工具或功能	說明
🖳 自動訂閱	自動為新角色訂閱預設的家族樣式。當角色訂閱了一種樣式時,若樣式有修改則角色也會自動更新。您不能在屬性頁籤中更改已訂閱的屬性,必須用更新樣式才能更改屬性。
🖂 取消訂閱	切斷所選角色和訂閱樣式之間的關聯。
應用一個樣式	選擇一個角色,然後選擇一種樣式。如果樣式發生變化,角色不會更新,這與訂閱樣式的角色不同。
🗐 快速樣式	從所選角色的屬性中產生新樣式。
🖺 設成預設值	對透過家族屬性定義的角色系列,使用目前樣式作為預設值。

 技巧

您不能訂閱或修改 Default 樣式。

STEP 19 開啟樣式工場

點選**工場→屬性→樣式** 🔷 。

STEP 20 選擇一個標籤

選擇一個標籤，則該類型角色的屬性會出現在**樣式**工場中。

STEP 21 產生樣式

在樣式工場上方工具列中點選**新增**，輸入 TrainingLabels 作為樣式名稱並按**確定**。

STEP 22 定義樣式

在樣式工場中設定以下屬性：

* **一般→家族**：註記。

* **文字→文字**：Description（ Meta. Description ）。

* **附加→類型**：簡單

* **形狀→形狀**：無。

提示　　直到自訂或應用樣式，所選的標籤才會改變。

STEP 23 應用樣式

選擇所有標籤，在功能區的**樣式**頁籤中點選 **TrainingLabels**。

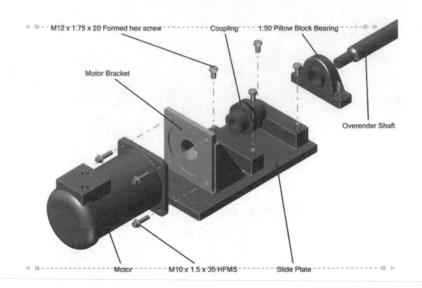

STEP 24 關閉樣式工場

關於**樣式**的一些注意事項:

* 樣式是自動儲存的。

* 樣式被儲存為 .smgStyleSet 檔案,這些檔案可以在伺服器上被其他的使用者套用,點選**檔案→喜好設定** ⊙ **→資料路徑**來設定路徑。

* 自訂樣式不支援動畫。為了讓角色能夠在動畫中使用樣式,需要應用樣式。

STEP 25 更新視圖並儲存

選擇 Explode 視圖後,點選**更新視圖** 🖼 並儲存。

4.6 輸出向量圖

SOLIDWORKS Composer 的**技術圖示**工場可產生向量圖。向量圖是透過像是線條、多邊形、文字和其他物體等形狀描繪而成的圖片。

向量圖的一個優點是其縮放至任意大小都不會降低圖片的解析度或完整性,另一個優點是透過編輯圖片的軟體工具可以編輯向量圖片。

4.6.1　向量細部放大圖

細部放大圖可以包括圓形細部放大圖中的所有角色或選定的角色。為了提高細部放大圖的品質，您可以放大角色，然後產生細部放大圖。

STEP 26 產生攝影機視圖

在**視圖**頁籤中點選**產生攝影機視圖** 🐾，重新命名視圖為 Explode Camera。

STEP 27 開啟技術圖示工場

點選**工場→發佈→技術圖示** 🗔。

STEP 28 準備細部放大圖

在**技術圖示**工場中，於**輪廓**下方選擇 **HLR（高）**，在**向量化**下勾選**細部放大圖**，圓形細部放大圖會出現在視窗中。

STEP 29 定位細部放大圖

對其中一個 formed hex screw_am 角色按照如下方法來定位：

- 拖曳圓形細部放大圖的邊定位到螺釘上。

- 放大直到螺釘全部在圓形細部放大圖中。

> **提示**　您可能需要放大很多才能使得幾何角色位於圓形細部放大圖中，但是這樣得到的細部放大圖的品質很高。

STEP 30 產生細部放大圖

在工場中，點選**產生** 🗔 以產生細部放大圖，此細部放大圖為一 2D 向量圖，可以在**協同作業**頁籤的**面板**中找到。

點選圓形細部放大圖上的**關閉**。

STEP▶ **31** 修改細部放大圖

保持 2D 向量圖像處於選中狀態。在**屬性**頁籤中：

- 在**位置→寬度**屬性中輸入 25。

- 在**附加→類型**中選擇無。

- 在**陰影→顯示**中取消勾選**啟用**。

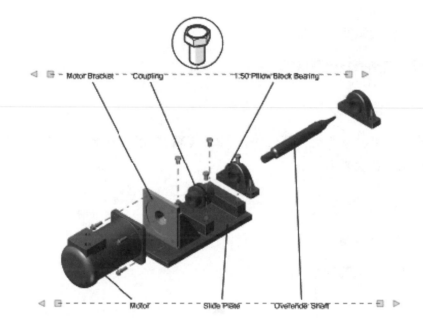

STEP▶ **32** 啟動攝影機視圖

在 Explode Camera 視圖上按滑鼠兩下，將返回到之前攝影機位置和方位。如果跳出一個詢問是否要儲存目前視圖的對話方塊，請點選**不儲存**。

STEP▶ **33** 移動細部放大圖

拖曳細部放大圖將其移動至磁性線上方。

STEP **34** 產生新樣式

點選**工場→屬性→樣式** 🎨，在**樣式**工場上方的工具列中按一下**新增**，輸入名稱為 TrainingDetails，並按一下**確定**。

STEP **35** 定義樣式

選擇細部放大圖，則其屬性會呈現在樣式工場中，選擇**顯示樣式和選擇屬性** 🔲，並在樣式工場中勾選以下屬性：

- **家族**：面板

- **位置**：寬度

- **附加**：類型

- **陰影**：顯示

點選**僅顯示樣式屬性** 🔲，以觀看所選取的屬性。

技巧

> 您不需要設定**位置→寬度**，**附加→類型**，**陰影→顯示**的數值，因為這個樣式會承襲所選細部放大圖的數值。

STEP **36** 產生更多細部放大圖

重複 STEP 27 到 STEP 30，為另一個 hex flange machine screw_am 角色產生細部放大圖，但不要和之前一樣單獨變更屬性。

提示 如果在產生細部放大圖時選擇幾何角色，則僅顯示該角色。

STEP **37** 對該細部放大圖應用 TrainingDetails 的模式

選擇細部放大圖後，點選功能區中的**樣式→ TrainingDetails**。

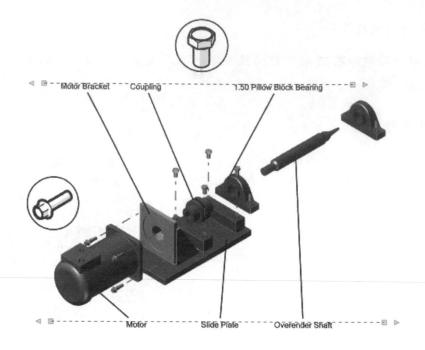

STEP 38 啟動攝影機視圖

在 Explode Camera 上按滑鼠左鍵兩下,以返回其攝影機位置和方向。

STEP 39 更新視圖

選擇此 Explode 視圖,並在**視圖**頁籤中按**更新視圖** 。

4.6.2 向量圖像

現在,我們來產生整頁的向量圖,我們保留**技術圖示**工場選項為預設設定,在後面的章節中會進一步研究這些選項。

STEP 40 預覽向量圖

在**技術圖示** 工場中,取消勾選**向量化**下的**細部放大圖**核取方塊,點選**預覽**,一個向量圖將在預設的瀏覽器中開啟。請注意,向量圖中並無顯示磁性線。

STEP 41 產生向量圖

在工場中,點選**另存新檔**,在**將向量化另存為**對話方塊中輸入**檔名** Explode 並**儲存**,應用程式會自動新增 **.svg** 檔案為副檔名。

STEP> 42 開啟向量圖

在 Windows 檔案總管中,於 Explode.svg 檔案上按滑鼠左鍵兩下,並在預設的瀏覽器中開啟。

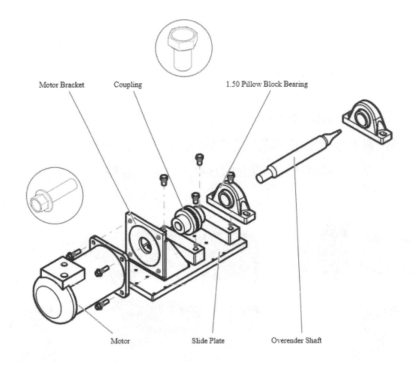

STEP> 43 儲存並關閉檔案

練習 4-1 爆炸視圖

練習使用轉換工具。完成練習後，將產生一個如下圖所示的視圖，並將其輸出。此練習可加強以下技能：

- 爆炸視圖

開啟 Lesson04\Exercise\jig saw.smg。

> **提示**
> - 使用**平移** ⮕和**旋轉** ⤵來爆炸 jig saw 的外殼。
> - 您需要更改攝影機視圖以旋轉角色至適當位置。
> - 使用**平移** ⮕和**曲線偵測模式**以爆炸電池至適當位置。

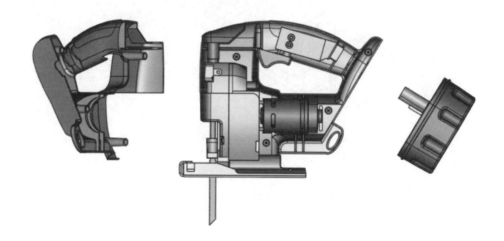

練習 4-2 樣式

練習產生和應用一個樣式。完成練習後，請將如下圖所示的新視圖儲存為 SOLIDWORKS Composer 檔案。此練習可加強以下技能：

* 磁性線

* 樣式

開啟 Lesson04\Exercise\seascooter.smg。

操作步驟

STEP 1 開啟 View 1 視圖

STEP 2 產生名為 Exercise 的樣式

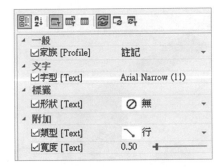

STEP 3 自訂三個標籤

STEP 4 修改樣式

更改樣式的**寬度**屬性為 1.0，以區別模型邊線的引線，同時，增加**附加→箭頭樣式**屬性並設定為**粗箭頭**。

STEP 5 產生新的視圖

在左側使用一條磁性線來調整標籤的位置。

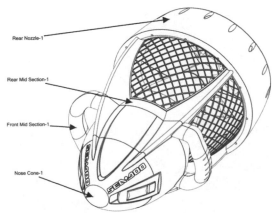

練習 4-3 標示與註記

練習使用標示與註記來產生兩個視圖，在必要的時候請修改屬性。完成練習後，請將如下圖所示的新視圖儲存為 SOLIDWORKS Composer 檔案。此練習可加強以下技能：

- 爆炸直線

- 協同角色

開啟 Lesson04\Exercise\gear box.smg。

技巧

如下圖所示，包含了您之前未使用過的協同角色，嘗試使用新的協同角色是很好的學習方法，因為本書的內容無法涵蓋到**作者頁籤**中所有的工具。

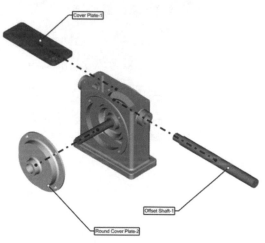

(a) 啟用 Exploded 視圖，使用路徑和標籤　　(b) 啟用 Default 視圖，使用標籤、2D 文字和 3D 圓形箭頭

練習 4-4 顯示情形工具和渲染工具

練習使用顯示情形工具來隱藏及顯示角色；使用渲染工具來新增顯示效果，在必要時請更改視窗的顏色。完成練習後，請將如下圖所示的新視圖儲存為 SOLIDWORKS Composer 檔案。此練習可加強以下技能：

- 渲染工具

- 顯示情形工具

  開啟 Lesson04\Exercise\jig.smg。

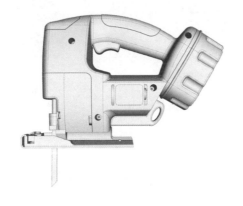

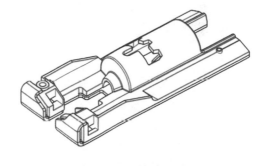

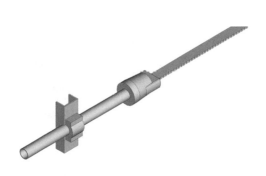

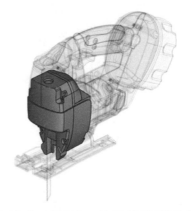

(a) 更改視窗的垂直軸屬性，以對齊網格和陰影

(b) 更改透明化的不透明度，使用者需要進入檔案→屬性→文件屬性→視埠，並拖曳透明化的不透明度滑桿。重新載入視圖以查看更改後的效果

NOTE

05

產生其他爆炸視圖

 順利完成本章課程後，您將學會：

- 使用紙張空間
- 從 CAD 系統輸入檔案
- 認識不同的 SOLIDWORKS Composer 檔案類型
- 使用選定角色或屬性來更新視圖
- 對齊幾何角色
- 產生爆炸直線
- 產生自訂視圖

5.1　概述

本章將透過合併兩個組合件來產生增強爆炸並新增更多的爆炸直線。

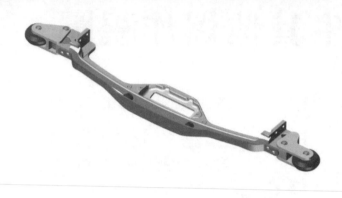

5.2　輸入檔案

SOLIDWORKS Composer 可直接從許多 CAD 系統中輸入資料，包括 SOLIDWORKS、Pro/ENGINEER 和其他的。此外，SOLIDWORKS Composer 也可以從許多中繼 CAD 格式輸入資料，包括 IGES、STEP…等等。

輸入檔案時，要確認的一些事項：

- 在說明中的**輸入**主題描述了**開啟**對話方塊底部的每個選項。說明主題還包括一個輸入選項矩陣的鏈結，該矩陣詳細介紹了適用於每種檔案類型的選項。

- 您可以將**輸入設定檔**設定在 **SOLIDWORKS（預設）**最常用的選項中，方便開啟 SOLIDWORKS 檔案。

- 當您開啟 SOLIDWORKS 組合件時，您可以選擇要開啟並輸入 SOLIDWORKS BOM 表，如果開啟的模型組態具有分解視圖，則可在**視圖**頁籤中得到分解視圖。

- 除非明確需要將多本體零件視為單個角色，否則應選擇**將檔案合併為每個零件一個全景項目**，使組合件樹狀結構將更加簡潔，且當原始 CAD 組合件發生改變時，也能成功地更新檔案。

本章我們將從 SOLIDWORKS CAD 輸入一個扣環（retaining ring）工具。

操作步驟

STEP 1　輸入 SOLIDWORKS 檔案

點選**開啟舊檔** ，檔案類型設定為全部授權的 3D 檔案，瀏覽至 Lesson05\Case Study，選擇 RetainingRingTool.sldprt，將**輸入設定檔**設定至 **SOLIDWORKS（預設）**選項中。請查看自動選擇的選項，再按一下開啟舊檔，您將在之後的步驟中合併此檔案與另一個 SMG 檔案。

技巧

您必須在裝有 SOLIDWORKS Composer 軟體的電腦上也安裝 SOLIDWORKS 軟體或 SOLIDWORKS Importer，此操作才能起作用。如果沒有安裝 SOLIDWORKS Importer，則請開啟 Lesson05\Case Study\RetainingRingTool.smg，取代原始的 CAD 檔案。

STEP 2　另存為 SMG

點選**儲存**，**檔名**輸入 RetainingRingToolSW.smg 後**儲存**並**關閉**檔案。

STEP 3　開啟檔案

開啟 Lesson05\Case Study 中的 ACME-259A.smg。

STEP 4　確認樣式

在**樣式**頁籤中，點選 Default 樣式並使用它，在之前的章節和練習中已經用過其他的樣式。

STEP 5　顯示視圖

在**視圖**頁籤的 Wheel1 視圖上按滑鼠左鍵兩下。

STEP 6　產生攝影機視圖

點選**產生攝影機視圖** ⊞，將視圖命名為 Wheel Camera。在完成一些角色的定位後，我們將使用此視圖返回原方位。

5.3 使用紙張空間

紙張空間用於顯示場景適合何種紙張尺寸。所有 2D 項目（例如 2D 面板）和尺寸（例如線寬和字體高度）都被定義在紙張空間中以適應視窗大小。**技術圖示**和**高解析度影像**工場可以使用文件紙張空間。紙張空間是一種文件屬性，因此在同一組合件的不同視圖中，是不能更改的。

顯示和導覽紙張空間的指令位於狀態列上。

工具	操作動作
顯示／隱藏紙張	顯示或隱藏紙張的邊界。
或 縮放紙張	放大或縮小紙張空間。
使紙張符合視窗大小	在視窗內顯示整個紙張空間。

為了觀察紙張空間，我們先查看一下現有的組合件視圖。

STEP 7 顯示紙張邊框

在狀態列中切換**顯示／隱藏紙張** ，以查看有紙張邊界或無紙張邊界的視窗。

STEP 8 縮放以查看完整紙張

在狀態列上點選**使紙張符合視窗大小** 。本文件的視圖使用 letter 尺寸和橫式的紙張空間。本章後面會學習將多個檔案合併為一個，因此兩個文件使用相同的紙張空間就非常重要。接下來，設定預設文件屬性，以便您輸入的下一個組合件能使用相同的紙張空間。

STEP 9 為後續的組合件設定紙張空間

點選**檔案→屬性→預設文件屬性→紙張空間**，**格式**選擇 **Letter**，**方向**選擇**橫向**，再按下**確定**。

STEP 10 將扣環工具合併到目前檔案中

點選**開啟舊檔** ，瀏覽至 Lesson05\Case Study 找到 RetainingRingToolSW.smg（或 RetainingRingTool.smg），選擇**合併至目前文件**，再按一下**開啟舊檔**。

STEP **11** 使扣環工具可見

開啟 Wheel 視圖並縮小，以查看整個模型。

在**組合件**頁籤中，勾選 RetainingRingTool 模型旁邊的核取方塊，以使其可見。一開始可能很難看到該工具，因其最初是位於保險桿組合件的中心附近。您可在之後的步驟中重新定位該工具。

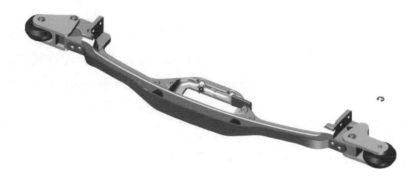

STEP **12** 新增工具以查看

點選 Wheel Camera 視圖以重新定位攝影機。當跳出對話方塊詢問是否儲存新視圖時，請選**不儲存**。選擇 Wheel1 視圖並按一下**更新視圖** 。扣環工具現在在該視圖中可見。

STEP **13** 儲存檔案

STEP **14** 合併另一個檔案

點選**開啟舊檔** ，**檔案類型**選擇 **SOLIDWORKS Composer(.smg)**。瀏覽至 Lesson05\Case Study 找到 Library.smg，選擇**合併至目前文件**，再按一下**開啟舊檔**。

Library.smg 中的協同角色已合併到目前組合件中。

5.4 使用選定角色更新視圖

您可以使用選定角色的位置或屬性更新選定的視圖。例如,您可以在視圖選擇組中更改角色的顏色。本章將更新選定視圖中角色的顯示情形。

STEP 15 使用選定角色來更新選定的視圖

開啟將 Library.smg 合併到目前組合件時出現的新視圖。在視窗中選擇 Safety Glasses Required 文字方塊。再到**視圖**頁籤中選擇 Wheel1 和 Fork1 視圖,並在**視圖**頁籤中點選**以所選全景項目更新視圖** 🖦,重複操作將 logo 加入到 Default、Wheel1 和 Fork1 視圖中。

STEP 16 顯示視圖

在**視圖**頁籤中的 Wheel1 視圖上按滑鼠左鍵兩下。

5S SOLIDWORKS

5.5 角色對齊

SOLIDWORKS Composer 提供了對齊工具來幫助您在組合件中正確地放置角色。您可以將一個角色與另一個角色的邊、面、軸等相互對齊,您也可以沿著相似的路徑轉換角色,運用對齊工具對齊兩個角色。需要對齊角色的原因包括:移動一個在 CAD 系統中錯誤地放置的檔案,或定位一個輸入至 SOLIDWORKS Composer 組合件中的角色,就如本章中提到的扣環工具(RetainingRingTool)一樣。

為了對齊角色,您可以在想要移動的角色上選擇一個形體,例如圓形邊或平面,然後在另一個角色上選擇對應的形體。有時對齊的結果與期望的相反,因為平面的軸或法線方向相反。如果發生類似情況,請在選擇第二個形體的同時按住 **Shift** 鍵。

對齊不是永久性的。對齊工具可以移動角色，但不會永久附加其對齊關係，如果對齊了兩個平面，隨後也可以將其中一個面與其他面對齊或產生分解視圖。

STEP 17 對齊扣環工具

選擇扣環工具，使用**轉換→移動**，將扣環工具移動到視圖。點選**轉換→對正→點與點對正** →**直線 / 軸至直線 / 軸對正** ，選擇工具上方的圓形邊，再選擇扣環的圓形邊。

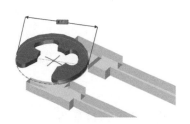

STEP 18 旋轉扣環工具

選擇扣環工具，點選**轉換→移動→旋轉** 。按住 **Alt** 鍵並選取扣環的圓形邊，使工具繞著扣環的中心旋轉。將扣環工具旋轉 90°。

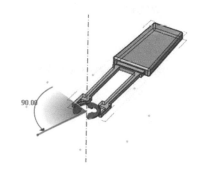

STEP 19 更新視圖

在 Wheel Camera 視圖上按滑鼠左鍵兩下，當跳出對話方塊詢問是否儲存新視圖時，請選**不儲存**。請點選**視圖**頁籤中的 Wheel1，並按一下**更新視圖** 。

5.6 爆炸直線

在之前的章節中，您透過角色的中立位置在產生的關聯路徑中增加了爆炸直線，本章您將重複該過程，去繪製更進階的路徑。此外，您繪製聚合線來表示爆炸線，由於產生關聯路徑並非在所有情況下都有用，因此您需要繪製多邊線來表示一條爆炸直線。

STEP 20 為三個盤頭螺釘增加路徑

開啟 Fork1 視圖，選擇視圖頂端的其中一個扣環。點選作者→路徑→路徑 →從中立產生關聯路徑 。

從中立位置到扣環的路徑最初顯示為一條直線。此種情形對此案例無法作業，因為我們需要的爆炸直線要穿過幾個零件。

STEP 21 修改路徑屬性

選擇關聯路徑，在**屬性**頁籤中更改以下屬性：

* **結構模式**：以世界座標軸為基礎。

* **軸順序**：YZX。

這樣好一些，但還是不正確。直線必須要從扣環進入到下方零件，下一個設定是為了要手動繪製路徑以作為聚合線。

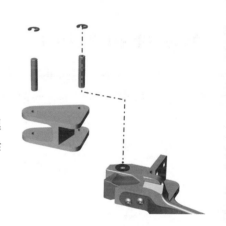

STEP 22 刪除先前的路徑

按 Ctrl+Z 還原之前產生的路徑。

STEP 23 設定聚合線起點

點選**作者→標示→聚合線** 。按住 **Alt** 鍵並點選角色的圓形邊以設定聚合線的起點，藉由按住 Alt 鍵可抓取到圓邊的中心，在您點選並放置起點後，即可放開 Alt 鍵。

STEP 24 設定聚合線終點

按住 **Alt** 鍵並點選第二個角色的圓形邊，按下滑鼠右鍵以設定
聚合線的終點，接著按 **Esc** 鍵關閉聚合線工具。

STEP 25 修改聚合線屬性

選取聚合線，在**屬性**頁籤中進行以下操作：

• **維持在上方**：取消勾選**啟用**。

• **前線→色彩**：選擇灰色。

• **前線→類型**：選擇 ┈┈ 。

> 提示
>
> 儘管與多數的爆炸直線並不相容，仍有其他有趣的聚合線屬性，勾選**關閉**屬性
> 能將聚合線轉變為一個封閉的路徑；勾選**平滑**屬性則能圓滑聚合線路徑中任何
> 的尖角。

接下來，我們將調整聚合線，使其延伸到下一零件。

STEP 26 調整聚合線

將滑鼠游標移動到聚合線端點直到出現三角箭頭。拖曳端點，
請注意，您可以自由拖曳端點，按住 Alt 鍵並繼續拖曳。現在，您只
能沿其原有的軸線延伸聚合線。拖曳端點直到它延伸至下一零件，
放開滑鼠左鍵以產生終點，然後放開 Alt 鍵。

STEP **27** 更新視圖

使用縮放以及平移工具以更新 Fork1 視圖。

選擇**視圖**頁籤中的 Fork1 視圖，並點選**更新視圖** 🔍 。

STEP **28** 儲存檔案

5.7 │ 自訂視圖

到目前為止，您產生的許多視圖都記錄了目前視窗的所有非中立屬性。這些普通視圖記錄了角色的非中立位置和屬性、攝影機位置和縮放比例等。

自訂視圖有時稱為智能視圖，它僅記錄了視圖的特定屬性，當您應用自訂視圖到普通視圖時，只會應用特定的屬性。例如，攝影機視圖是一種僅記錄攝影機位置的自訂視圖，您可以將此自訂視圖應用於多個普通視圖，使它們都具有相同的攝影機位置。自訂視圖顯示在視圖頁籤中，和普通視圖不同的是會有一個陰影覆蓋在視圖上，以表明它們是智能視圖。

接著，我們將產生自訂視圖來抓取幾組角色的爆炸和收合位置。

STEP **29** 顯示視圖

啟動 ExplodePosition 視圖。視圖顯示了 3 組角色的爆炸位置，分別是 Fork_Left、Fork_Right 和 Bumper。

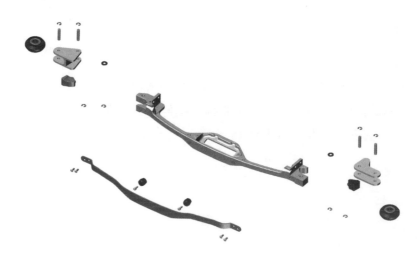

STEP **30** 開啟視圖工場

點選**工場→發佈→視圖** 📷 。

STEP **31** 產生自訂視圖

選擇 Bumper 選擇組中所有的零件，在工場中：

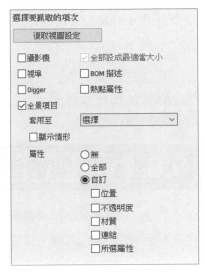

- 勾選**全景項目**核取方塊。

- 不勾選**攝影機**、**視埠**、**Digger**，因為我們不要這些出現在視圖中。

- 勾選**選擇**為應用物件，視圖就能應用到 Bumper 選擇組中。

- 勾選**自訂**中的**位置**，讓視圖僅抓取選擇角色的位置。

- 點選**產生** 📷 。

一個新視圖即出現在**視圖**頁籤中，將視圖重新命名為 Explode_Bumper，如右圖所示。

STEP **32** 為其他爆炸位置產生更多自訂視圖

重複以上步驟，為 Fork_Left 以及 Fork_Right 選擇組產生視圖。分別將視圖重新命名為 Explode_Fork_Left 以及 Explode_Fork_Right。

STEP **33** 為其他收合位置產生更多自訂視圖

啟動 Default 視圖，產生 3 個自訂視圖以抓取相同選擇組的收合位置，將視圖重新命名為 Collapse_Bumper、Collapse_Fork_Left、以及 Collapse_Fork_Right。

您現在即有 3 個 Explode_ 視圖 和 3 個 Collapse_ 視圖。

STEP **34** 測試視圖

以下是一個操作順序，以示範自訂視圖：

- 拖曳 Explode_Bumper 到視窗中，只有被視圖控制的角色才會爆炸。

- 拖曳 Explode_Fork_Left 到視窗中，以爆炸那些角色。

- 拖曳 Collapse_Bumper 到視窗中，以收合那些角色。Bumper 以及它的硬體仍維持爆炸狀態。

- 更改縮放比例和方位，同時更改視窗背景色。

- 拖曳 Explode_Fork_Right 到視窗中以爆炸那些角色，注意攝影機方位和視窗顏色並未改變。

　　無論您啟動哪個自訂視圖，都只會更新選定角色的位置。攝影機方位、其他角色的位置、角色的屬性等仍維持一致。

5.8 視圖間的連結

　　作為在視圖之間跳轉的另一種方法是，您可以在視圖中加入縮圖，當您點選該縮圖即可連結跳轉到其他視圖。這使您可以在 SOLIDWORKS Composer Player 中產生互動內容。

STEP 35 複製視圖

複製 Default 視圖，並重新命名為 Start 視圖。

STEP 36 新增視圖連結

選擇 Wheel1 視圖，按住 Ctrl 鍵將它拖曳到視窗的上方，隨即出現視圖的縮圖。

STEP 37 為另一個視圖新增連結

重複上述步驟，新增連結到 Fork1 視圖，如下圖所示。

STEP **38** 使用磁性線對齊縮圖

點選**作者→工具→磁性線→產生磁性線** 🧲，拖曳磁性線穿過視窗的上方，拖曳縮圖到磁性線以使其與縮圖頂端對齊，如下圖所示。

STEP **39** 更新視圖

選擇 Start 視圖並點選**更新視圖** 🖼 。

STEP **40** 為其他視圖增加連結

啟動 Wheel1 視圖，按住 Ctrl 鍵並拖曳 Start 視圖到視窗中，如此即新增了可點選的縮圖，更新 Wheel1 視圖，如下圖所示。

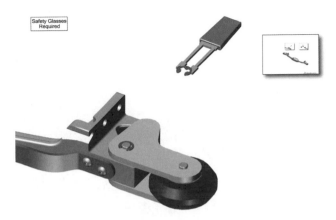

STEP 41 使用選擇角色來更新選擇視圖

在視窗中選擇可點選的縮圖影像。在**視圖**頁籤中選擇 Fork1 視圖。在**視圖**頁籤中點選
使用選擇的角色更新視圖 💥 。

STEP 42 測試視圖

在狀態列關閉**設計模式** 📐 ，啟動 Start 視圖，點選其中一個縮圖以跳轉到該視圖，繼
續點選縮圖以測試視圖之間的連結關係，當您完成後，重新開啟設計模式 📐 。

STEP 43 儲存並關閉檔案

練習 5-1 輸入組合件

練習從 SOLIDWORKS 軟體中輸入組合件到 SOLIDWORKS Composer。此練習可加強以下技能：

- 輸入檔案

> **提示**　您必須在裝有 SOLIDWORKS Composer 軟體的電腦上也安裝 SOLIDWORKS Importer，此操作才能起作用。如果沒有安裝 SOLIDWORKS Importer，請跳到下一個練習。

操作步驟

在 SOLIDWORKS Composer 中開啟 SOLIDWORKS 組合件，路徑為 Lesson05\Exercises\cover finished.sldasm。

您需要輸入三次相同的組合件檔案，以符合下方的輸出，因此每次需在開啟舊檔對話方塊中更改選項，並在嘗試後儲存檔案。

⬢ **輸出 #1**

如果您選擇了一個幾何角色，須確保在屬性頁籤中可以看到使用者屬性，組合件樹狀結構如右圖所示。儲存檔案為 coverl.smg。

⬢ **輸出 #2**

如果您選擇了一個幾何角色，須確保在屬性頁籤中可以看到使用者屬性，組合件樹狀結構如右圖所示。儲存檔案為 cover2.smg。

◆ **輸出 #3**

如果您選擇了一個幾何角色，應該不能在屬性頁籤中看到任何使用者屬性，組合件樹狀結構如右圖所示。儲存檔案為 cover3.smg。

▶ **技巧**

本練習顯示了開啟舊檔對話方塊中各種設定所帶來的影響。為了便於更新，每次開啟或更新組合件時，您必須確保選項是相同的。在預設文件屬性的輸入頁面上設定所需的選項，以使其每次在開啟舊檔對話方塊中都以相同的方式顯示。

練習 5-2 自訂視圖

練習使用視圖工場來產生自訂視圖，以抓取所選零件的位置和屬性。此練習可加強以下技能：

· 自訂視圖

開啟 Lesson05\Exercises\ink jet printer.smg。

操作步驟

STEP 1 檢視現有的視圖

觀察 Default 視圖和其他視圖的不同，為表達得更為清楚，圖片中加入了細部放大圖。

(a) Guide Position 視圖，注意印表機導軌已移動至信封大小紙張的位置

(b)Tray Position 視圖，注意印表機托盤是關閉的

STEP **2**　產生自訂視圖

產生 6 個自訂視圖，如下表所示。

視圖	圖片	提示
TrayOpen	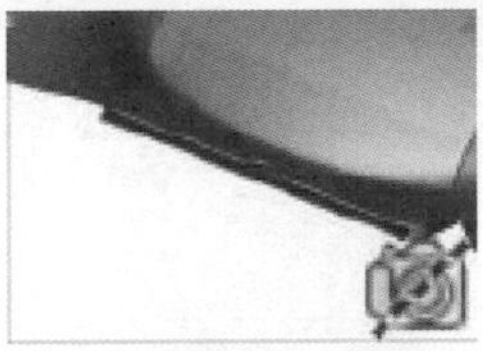	從 Default 視圖中抓取 External_Tray2-1 和 External_Tray1-1 的位置。
TrayClosed	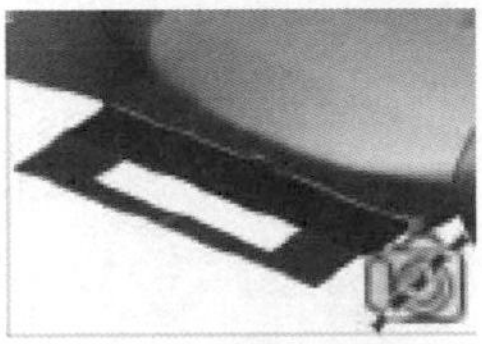	從 Tray Position 視圖中抓取 External_ Tray2-1 和 External_Tray1-1 的位置。
GuideLetter		從 Default 視圖中抓取 Tray2-1 的位置。
GuideEnvelope		從 GuidePosition 視圖中抓取 Tray2-1 的位置。
CoverVisible	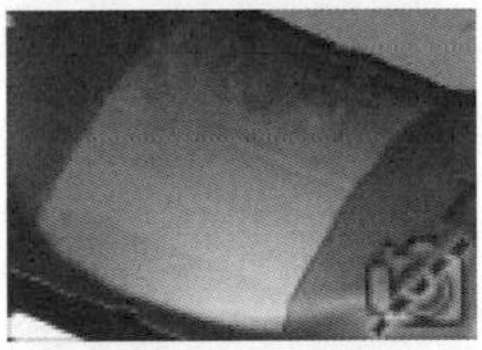	從任意一個視圖中抓取 cover-1 的不透明度屬性。
CoverHidden		將 cover-1 的不透明度屬性設定為 0。

STEP▶ 3 測試視圖

　　將 Default 視圖拖曳到視窗中，將各種自訂視圖拖曳到視窗中，確保每個視圖都僅有指定的位置或屬性的改變。例如，當您把 CoverHidden 視圖拖曳到視窗中時，托盤和導軌的位置並無改變。

06

產生材料明細表

順利完成本章課程後,您將學會:

- 產生材料明細表(BOMs)

- 新增標註

- 產生向量輸出

6.1 概述

本章將產生三個含有材料明細表和標註的視圖，然後發佈視圖產生向量圖檔。

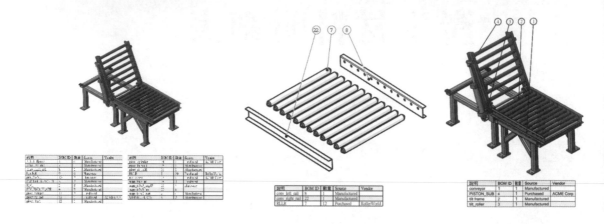

6.2 產生材料明細表（BOMs）

材料明細表（BOM）是構成組合件的所有零部件的列表，也可以稱為零件清單。公司可以使用 BOM 來追蹤產品需要多少材料。此外，採購商也可以借助 BOM 來確定所訂購產品的細節。在 SOLIDWORKS Composer 中，預設情況下 BOM 包含三欄：ID、說明和數量，您可以新增更多的欄或對它們進行重新排序。

6.2.1 BOM ID

BOM ID 是組合件中指定各種幾何角色的唯一識別號碼，BOM ID 出現在 BOM 表和標註或零件號球中以確定零件，您可以一次指定某個 BOM ID 給某個角色，或批次指定給選定的幾何角色。

> 提示
>
> BOM ID 是特定於視圖的。您可以為不同視圖中的同一個零組件指定不同的 BOM ID。

操作步驟

STEP 1 開啟檔案

開啟 Lesson06\Case Study\ConveyorSystem.smg。

STEP 2 準備視圖

啟動 Default 視圖。點選**渲染→地面→地面** 以關閉地面效果，並將視窗的底部色彩更改為白色。

STEP 3 手動新增一個 BOM ID

選擇 pivot_cylinder 角色，在**屬性**頁籤中，輸入
10 作為 BOM ID 並按 **Enter** 鍵。

STEP 4 新增標註

點選**作者→註記→標註** ，選擇 pivot_cylinder 角色，再按一下以放置標註，然後按
Esc 鍵退出。

查看標註的屬性以確定數字 10 在標註中的顯示方式。標註的**文字**屬性表明其連結到
BOM ID(Actor.BomId) 屬性。**父項次**的屬性表明了它是連結到名為 pivot_cylinder 的角
色。因此，程式會在標註中填滿連結角色 pivot_cylinder 的 BOM ID。

因此，您可以很容易地聯想到如何將標註連結到其他屬性，例如角色的名稱。您也可以在標註的屬性中直接輸入文字。當您想在標註中同時包含字母和數字時，只要角色具有唯一的 ID，此時您可以使用 **BOM** 工場，同時對多個角色新增標註和 BOM ID。

STEP 5 開啟 BOM 工場

點選**工場→發佈→BOM** 📊，此時 **BOM** 工場出現，且左窗格也有出現 **BOM** 頁籤。注意左窗格的 BOM 頁籤中已經出現 pivot_cylinder 角色的 BOM ID:10。

STEP 6 重設所有 BOM ID

在 BOM 工場中，選擇套用至**可見幾何**，點選**重設 BOM ID**，點選**刪除可見標註**。

以上步驟清除了所有幾何角色的 BOM ID 並刪除了標註。

接著將使用 **BOM** 工場來自動產生組合件中所有角色的 BOM ID。首先，我們將依據角色的屬性指定 BOM ID。

STEP 7 透過比較屬性產生 BOM ID

在**定義**頁籤上使用預設設定。BOM ID 將根據**名稱 (Actor.Name)** 屬性進行指派，並從名稱右側略過三個字元。

點選**產生 BOM ID**。在左窗格的 **BOM** 頁籤中，可注意到已分配了 21 個唯一的 BOM ID。在 **BOM** 頁籤中展開 PIV_，注意所有 8 個角色都被賦予了相同的 BOM ID。但這些結構構件為不同的形狀，應該具有不同的 ID，在這種情況下，預設設定不能產生我們想要的結果。因此，將重設 BOM ID 並根據角色的幾何形狀重新產生 BOM ID。

STEP 8 重設所有 BOM ID

在 BOM 工場中，點選**重設 BOM ID**。

STEP 9 透過比較幾何來產生 BOM ID

選擇**比較幾何**，然後點選**產生 BOM ID**。在左窗格的 **BOM** 頁籤中，可注意到已分配了 28 個唯一的 BOM ID。另外，tilt frame 次組合件中的各個結構構件具有不同的 ID。

STEP 10 關閉工場

完成之後關閉 BOM 工場。

STEP 11 產生視圖

點選**視圖**頁籤中的**產生視圖**，以儲存改變的 **BOM ID** 屬性。將視圖重新命名為 BOM1。

6.2.2 BOM 表格

您可以在任何視圖中顯示 BOM 表格，進而使 BOM 表格可以出現在點陣圖形輸出、向量圖輸出和互動式內容中。您可以自訂 BOM 表格的欄數和欄的順序。

STEP 12 顯示 BOM

選擇**首頁→顯示情形→BOM 表格**。BOM 顯示在紙張空間的底部 25％中。預設情況下，將顯示三欄：**說明**、**BOM ID** 和**數量**。

技巧

您也可以在 **BOM** 工場或**技術圖示**工場的底部顯示 BOM 表格。

STEP 13　調整大小並移動 BOM

選擇 BOM 表格，在**屬性**頁籤的**位置→位置**中選擇**自由**，更改字體大小為 16，拖曳角落以放大表格。

STEP 14　更改 BOM 的欄位

在左窗格的 **BOM** 頁籤中，點選**配置 BOM 欄** 。在可用屬性列表下選擇**中繼屬性**。接著在可用屬性欄中選擇 Source(Meta. Source) 和 Vendor(Meta.Vendor)，然後點選**向右**的雙箭頭，它會將中繼屬性加到 BOM 中，這些中繼屬性是從 CAD 系統輸入的，再按**確定**。

```
顯示屬性
↓  ↑  ▭

說明 (Bom.Description)
BOM ID (Actor.BomId)
數量 (Bom.Quantity)
Source (Meta.Source)
Vendor (Meta.Vendor)
```

> **技巧**
>
> 資訊頁籤提供了一種易於閱讀的預設格式，用於查看所選角色的中繼屬性。選擇**視窗→顯示 / 隱藏→資訊**，以顯示此頁籤。

STEP 15　觀察 BOM

注意新的欄位。

說明	BOM ID	數量	Source	Vendor
3 bolt flange	1	6	Manufactured	
conv_left_rail	7	1	Manufactured	
conv_right_rail	8	1	Manufactured	
hex bolt	9	6	Hardware	
pin .75x3.0	10	2	Hardware	
PISTON_BRACKET	2	2	Manufactured	
PIV	3	8	Manufactured	
PIV_END_PLATE	4	2	Manufactured	
pivot bumper	11	2	Purchased	
pivot cyl rod	12	2	Purchased	ACME Corp
pivot shaft	13	1	Manufactured	

說明	BOM ID	數量	Source	Vendor
pivot_cylinder	14	2	Purchased	ACME Corp
pivot_lh_rail1	15	1	Manufactured	
pivot_rh_rail1	16	1	Manufactured	
RLLR	5	19	Purchased	RollerWorld
rod_clevis	17	1	Purchased	ACME Corp
supp_base_pl	18	8	Purchased	
supp_3x3x3_ang45	19	4	Hardware	
supp_3x3x3_hor	20	4		
supp_3x3x3_ven	21	4	Manufactured	
SWIVEL_PLATE	6	2	Manufactured	

STEP **16** 調整幾何角色的大小並重新定位

滾動滑鼠滾輪以在紙張剩餘空間中縮放幾何角色至適當大小，按下滑鼠滾輪並將其拖曳以在紙張中進行重新定位。

STEP **17** 更新視圖

在**視圖**頁籤中，選擇 BOM1 視圖並點選**更新視圖** 。

STEP **18** 儲存檔案

6.3 向量圖形輸出

向量圖形檔案在前面的章節中已有介紹過。本章我們將產生更多向量圖形輸出，進而更深入地了解 SOLIDWORKS Composer 中用於控制輸出的可用選項。

STEP **19** 開啟技術圖示工場

點選**工場→發佈→技術圖示** 。

STEP **20** 預覽輸出向量圖形

在**技術圖示**工場中，於**設定檔**下選擇 **HLR（高）**，然後點選預覽來查看預設設定下的輸出。您可以更改一些選項，使其看上去更好。

說明	BOM ID	數量	Source	Vendor
3_bolt_flange	1	4	Manufactured	
conv_left_rail	7	1	Manufactured	
conv_right_rail	8	1	Manufactured	
hex_bolt	9	6	Hardware	
pin_.75x3.0	10	2	Hardware	
PISTON_BRACKET	2	2	Manufactured	
PIV	3	8	Manufactured	
PIV_END_PLATE	4	2	Manufactured	
pivot_bumper	11	2	Purchased	
pivot_cyl_rod	12	1	Purchased	ACME Corp
pivot_shaft	13	1	Manufactured	

說明	BOM ID	數量	Source	Vendor
pivot_cylinder	14	1	Purchased	ACME Corp
pivot_lh_rail	15	1	Manufactured	
pivot_rh_rail	16	1	Manufactured	
ROLLER	5	19	Purchased	RollerWorld
rod_clevis	17	1	Purchased	ACME Corp
supp_base_pl	18	8	Purchased	
supp_ts3x3_ang45	19	4	Hardware	
supp_ts3x3_hor	20	4		
supp_ts3x3_vert	21	4	Manufactured	
SWIVEL_PLATE	6	2	Manufactured	

STEP ▶ 21 新增顏色

在向量輸出中勾選**色彩區域**核取方塊以新增顏色。在**色彩區域**頁籤上有些設定選項可用來更改色彩效果，在此先保留預設設定。

STEP ▶ 22 新增陰影

在向量輸出中勾選陰影核取方塊以新增陰影。在**陰影**頁籤中的**透明度**上輸入 **60**，然後按 **Enter**，以加深陰影顏色。

STEP ▶ 23 修改組合件的輪廓

在**技術圖示**工場的**直線**頁籤中勾選**顯示側影輪廓**核取方塊，以產生角色的輪廓線和側影輪廓線。在下方**樣式**中選擇**模型**，以產生整個場景外邊的輪廓線。當角色重疊時，只有最外側的邊線會被畫出，陰影的**寬度**設定 1pt，以減少輪廓線的粗細。

STEP ▶ 24 產生向量圖

在工場中，點選**另存新檔**，在**將向量化另存為**對話方塊中輸入**檔名 BOM1** 並**儲存**，應用程式會自動追加 .SVG 的副檔名。

說明	BOM ID	數量	Source	Vendor
3_bolt_flange	1	4	Manufactured	
conv_left_rail	7	1	Manufactured	
conv_right_rail	8	1	Manufactured	
hex_bolt	9	6	Hardware	
pin.75x3.0	10	2	Hardware	
PISTON_BRACKET	2	2	Manufactured	
PIV	3	8	Manufactured	
PIV_END_PLATE	4	2	Manufactured	
pivot_bumper	11	2	Purchased	
pivot_cyl_rod	12	1	Purchased	ACME Corp
pivot_shaft	13	1	Manufactured	

說明	BOM ID	數量	Source	Vendor
pivot_cylinder	14	1	Purchased	ACME Corp
pivot_lh_rail1	15	1	Manufactured	
pivot_rh_rail1	16	1	Manufactured	
RLLR	5	19	Purchased	RollerWorld
rod_clevis	17	1	Purchased	ACME Corp
supp_base_pl	18	8	Purchased	
supp_ts3x3_ang45	19	4	Hardware	
supp_ts3x3_hor	20	4		
supp_ts3x3_vert	21	4	Manufactured	
SWIVEL_PLATE	6	2	Manufactured	

25 開啟向量圖檔案

在 Windows 檔案總管中，於 BOM1.svg 檔案上按滑鼠左鍵兩下，以在預設瀏覽器中開啟檔案。

6.4 其他 BOM 表格

目前已經有顯示整個組合件所有零件的 BOM，本章後面將為組合件產生一個包含小部分幾何角色集合的 BOM，接著新增標註並發佈向量圖檔案。本節希望新的材料明細表中的 BOM ID 與整個組合件的材料明細表 BOM ID 相符。而這必須設定那些幾何角色的 BOM ID 為中立屬性。

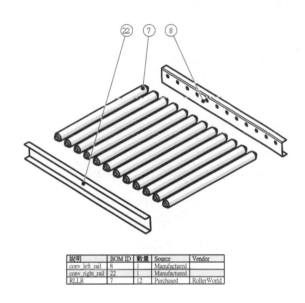

說明	BOM ID	數量	Source	Vendor
conv_left_rail	8	1	Manufactured	
conv_right_rail	22	1	Manufactured	
RLLR	7	12	Purchased	RollerWorld

STEP 26 啟動視圖

拖曳 BOM2 視圖到視窗中。

STEP 27 檢查 BOM ID

選擇視窗中的任一幾何角色並觀察其 **BOM ID** 屬性。注意到 BOM ID 是空的。

STEP 28 啟動視圖

拖曳 BOM1 視圖到視窗中。

STEP> **29 尋找選擇組**

在左窗格的**組合件**頁籤中,將滾動條拖至下方,展開 BOM2 的選擇組。

STEP> **30 設置螺釘的中立屬性**

在 BOM2 選擇組中選擇 conv_left_rail 角色。選擇 **BOM ID** 屬性,然後點選**屬性**頁籤中的**設為中立屬性**

STEP> **31 重複選擇組中的其他角色**

重複對 conv_right_rail 和 RLLR 角色進行同樣的操作。您必須在選擇組中選擇所有 RLLR 角色,這會將在此視圖中指派的 BOM ID 設定為幾何角色的中立屬性,如此便能在其他視圖中引用這些 BOM ID。

STEP> **32 啟動視圖**

拖曳 BOM2 視圖到視窗中。

STEP> **33 查看 BOM ID**

選擇視窗中的任一幾何角色並觀察其 **BOM ID** 屬性。注意 BOM ID 被指定為 BOM1 視圖的 ID 中。接著,在此視圖中顯示和修改 BOM 表格。

STEP> **34 顯示 BOM**

選擇**首頁**→**顯示情形**→**BOM 表格**,即出現顯示此視圖中所有零件的 BOM 表格。

C 技巧
- 若在列中顯示了不可見的零件,則請在 **BOM** 頁籤中切換**僅顯示可見全景項目**。
- 您還可以選擇 BOM,並在屬性頁籤中切換至**在可見標註上過濾**屬性。您需要向角色增加標註,以使此屬性的更改生效。

說明	BOM ID	數量	Source	Vendor
conv_left_rail	8	1	Manufactured	
conv_right_rail	22	1	Manufactured	
RLLR	7	12	Purchased	RollerWorld

STEP 35 開啟 BOM 工場

選擇**工場**→**發佈**→**BOM** ▥。

STEP 36 新增標註

在 BOM2 選擇組中的選擇所有幾何角色。在
BOM 工場中，點選**產生標註**，標註被增加到視
圖中。

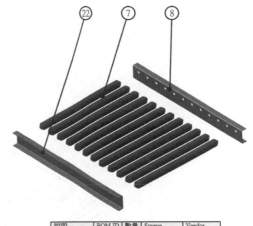

說明	BOM ID	數量	Source	Vendor
conv_left_rail	8	1	Manufactured	
conv_right_rail	22	1	Manufactured	
RLLR	7	12	Purchased	RollerWorld

STEP 37 安排標註

在標註仍被選中的狀態下，將**自動對齊**屬性設定至**頂部**。如果想將標註的附著點更好
地定位在角色上，請拖曳標註的附著點。

STEP 38 更新視圖

在**視圖**頁籤中選擇 BOM2 視圖，然後點選**更新視圖** ▨ 。

STEP 39 儲存檔案

現在，我們發佈此視圖的向量圖檔案。

STEP 40 開啟技術圖示工場

點選**工場**→**發佈**→**技術圖示** ▱。

STEP 41 設定預設設定

在**技術圖示**工場中，在**設定檔**下選擇 **HLR（中）**。

STEP 42 增加標註穿過角色的間隙

在**附加陰影寬度**中輸入 2，然後按 **Enter**。當標註穿過邊緣時，將控制模型中的間隙。

STEP 43 產生向量圖

在工場中，點選**另存新檔**，在**將向量化另存為**對話方塊中輸入**檔名** BOM2 並**儲存**，應用程式會自動追加 **.SVG** 的副檔名。

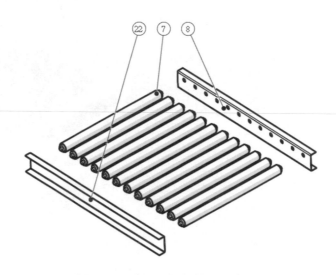

說明	BOM ID	數量	Source	Vendor
conv_left_rail	8	1	Manufactured	
conv_right_rail	22	1	Manufactured	
RLLR	7	12	Purchased	RollerWorld

STEP 44 開啟向量圖檔案

在 Windows 檔案總管中，於 BOM2.svg 檔案上按滑鼠左鍵兩下，以在預設瀏覽器中開啟檔案。

STEP 45 向量圖與產生互動式 **BOM** 互相參照

將指針移到 BOM 的一列、一個標註或一個幾何角色上。注意所有內容都已用綠色強調顯示，因此您可以輕鬆識別這些項目之間的關係。

6.5　組合件層的 BOM 表格

現在我們已經完成了兩個僅包含零件清單的 BOM。在本章接下來的部份，我們將建立一個 BOM 表，該 BOM 表將在材料明細表中調出子組合件，而此 BOM 將擁有唯一的 ID，以和其他兩個視圖區別。

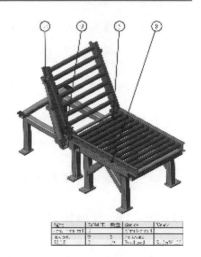

6.6　組合件選擇模式

為了產生次組合件的 BOM，您需要選擇四個次組合件，而不需要選擇次組合件中的零件。軟體提供了一種組合件選擇模式，允許您選擇整個組合件。當選擇組合件時：

- 整個組合件會以藍色強調顯示。

- 視窗會有一個藍色邊框，表示您處於組合件選擇模式。

- 組合件在**組合件**頁籤中將以藍色強調顯示，但並不強調顯示組合件中的角色。此情況強化的是選擇整個組合件，而不是組合件中的角色。

技巧

SOLIDWORKS Composer 於零件選擇模式和組合件選擇模式所使用的顏色為文件屬性，點選**檔案**→**屬性**→**文件屬性**→**選擇**以改變顏色。

組合件選擇模式的優點為何？

- 可以更簡單地選取整個組合件，不會忽略組合件中的任何角色。

- 有些動畫的選擇和操作會更簡單。

您如何於組合件選擇模式中選取東西？

- 點選**組合件**頁籤上方的**組合件選擇模式** 🔩。

- 在視窗中選擇角色並按鍵盤上的左箭頭鍵，此選擇包含所選角色的組合件。繼續按左箭頭鍵選擇更高階的組合件。

- 或者，按住 **Alt** 鍵，並在**組合件**頁籤中選擇一個角色。

STEP **46** 準備視圖

啟動 Default 視圖，點選**渲染→地面→地面** 🔲 以關閉地面效果，更改視窗的底部色彩為白色。

STEP **47** 選擇次組合件

切換到**組合件**頁籤，在組合件頁籤上方點選**組合件選擇模式** 🔩 ，在組合件樹狀結構中，選擇 conveyor 次組合件。注意次組合件已變為藍色，而不是平常情況下的橙色，這代表此時是處於組合件選擇模式。

STEP **48** 產生 BOM ID

在**屬性**頁籤中，於 **BOM ID** 輸入 1。

STEP **49** 對其他次組合件重複上述步驟

於其他三個次組合件新增 BOM ID：

- tilt frame：ID 2

- tilt_roller：ID 3

- PISTON_SUB：ID 4

STEP 50 新增標註

選擇四個次組合件，並在 **BOM** 工場中點選**產生標註**。

每個 BOM ID 都會出現一個標註。標註會以黑色填滿，因為這是 SOLIDWORKS Composer 用於次組合件標註的預設樣式。

STEP 51 更改標註的樣式

黑色標註已被選中。在**樣式**頁籤上，點選 White Balloons 以將該樣式應用到選定的號球。

STEP 52 對齊標註

在標註仍被選擇的情況下，將**自動對齊**屬性設定至**頂部**。

STEP 53 顯示 BOM 表格

點選**首頁→顯示情形→BOM 表格**，在紙
張上調整表格的位置和尺寸使之位於組合件下
面，Source 和 Vendor 的 BOM 欄都是空的，
這是因為在 SOLIDWORKS 中並沒有對次組
合件指定自訂屬性，您必須在 SOLIDWORKS
Composer 中直接新增中繼屬性。

說明	BOM ID	數量	Source	Vendor
conveyor	1	1		
PISTON_SUB	4	1		
tilt frame	2	1		
tilt_roller	3	1		

STEP 54 新增中繼屬性至 conveyor

確認**組合件**頁籤上方的**組合件選擇模式**
處於啟用狀態，選擇 conveyor，在**屬性**頁籤中
點選**管理中繼屬性** 。

在中繼屬性對話方塊：

- 選擇 Source(Meta.Source) 作為**名稱**。

- 勾選**將中繼屬性加到選擇**中。

- 點選確定。

在**屬性**頁籤的 **Source** 中輸入 Manufactured，
然後按 **Enter**，則 Manufactured 一字即出現在
BOM 表格中。

STEP 55 將中繼屬性新增到其他次組合件

重複先前步驟，將中繼屬性新增到其餘三
個次組合件中。完成後，BOM 表格即如右圖
所示。

說明	BOM ID	數量	Source	Vendor
conveyor	30	1	Manufactured	
PISTON_SUB	29	1	Purchased	ACME Corp
tilt frame	31	1	Manufactured	
tilt_roller	32	1	Manufactured	

STEP 56 關閉組合件選擇模式

點選**組合件**頁籤上方的**組合件選擇模式** 以將其關閉。

STEP 57 產生視圖

在**視圖**頁籤中點選**產生視圖** ，重新命名視圖為 BOM3。

STEP 58 測試視圖

開啟 BOM1、BOM2 和 BOM3 視圖。確認每個視圖中的 BOM 表格、BOM ID 和標註均正確顯示。

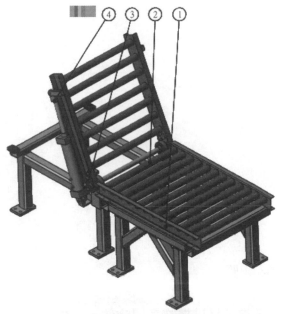

說明	BOM ID	數量	Source	Vendor
conveyor	1	1	Manufactured	
PISTON_SUB	4	1	Purchased	ACME Corp
tilt frame	2	1	Manufactured	
tilt_roller	3	1	Manufactured	

STEP 59 儲存並關閉檔案

練習 6-1 爆炸視圖、BOM 和標註

　　練習使用爆炸工具、**BOM** 工場和**技術圖示**工場。完成練習後，將產生如下圖所示的 SVG 檔案。此練習可加強以下技能：

- 爆炸視圖

- 磁性線

- 爆炸直線

- 材料明細表

- 向量圖輸出

　　開啟 Lesson06\Exercises\fireplace tools.smg。

操作步驟

STEP 1 開啟 Handle 視圖

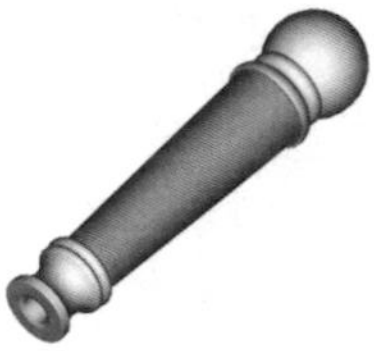

STEP 2 使用轉換→爆炸工具以爆炸該組合件

STEP 3 新增一條聚合線指向中心軸

提示　務必使用曲線偵測。

STEP 4 使用 BOM 工場產生 BOM ID

提示　使用 **BOM ID 格式**頁籤將「A-」加入到 BOM ID 名稱前面。

STEP 5 使用 BOM 工場新增標註

STEP 6 新增磁性線以對齊標註

STEP 7　使用技術圖示工場產生最後輸出

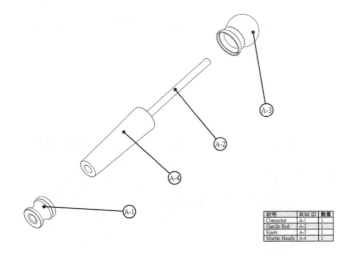

說明	BOM ID	數量
Connector	A-1	1
Handle Rod	A-2	1
Knob	A-3	1
Marble Handle	A-4	1

練習 6-2 組合件層的 BOM 表格

練習產生具有零件和次組合件 ID 的 BOM。完成練習後，將產生如下圖所示的視圖。此練習可加強以下技能：

- 材料明細表

- 組合件層的 BOM 表格

開啟 Lesson06\Exercises\fireplace tools.smg。從 Default 視圖開始，新建帶有 BOM 表格的視圖，將 BOM 放置於左側並更改它的字體，如下圖所示。

說明	BOM ID	數量
Brush	1	1
Poker	2	1
Shovel	3	1
Tongs	4	1
Base Foot	5	4
Brass Rod	6	1
Brass Base Top	7	1
Brass Washer	8	1
Hex Nut	9	1
Long Brass Tube	10	2
Marble Base	11	1
Screw	12	4
Short Brass Tube	13	2
Stand Knob	14	4
Tool Holder	15	1
Handle	16	1

BOM 必須包括：

- 下列次組合件的 ID：brush、poker、shovel 和 tongs，不用為各次組合件下的零件產生 ID。

- 次組合件 stand 下單獨零件的 ID。

- 次組合件 stand 中包含了次組合件 handle 的 ID，不用為次組合件 handle 下的零件產生 IDs。

- 以 BOM ID 欄來對 BOM 排序。

技巧

這個檔案有很多次組合件，如果您在其他學員完成之前還有時間，請考慮其他組合件並練習產生其他的 BOM。

練習 6-3 向量圖檔案

　　練習更改**技術圖示**工場的選項來產生向量圖輸出，將產生如下圖所示的兩個 SVG 檔案。此練習可加強以下技能：

* 向量圖輸出

　　開啟 Lesson06\Exercises\jig saw.smg，從 HLR（高）設定檔開始，然後試驗多種選項以產生如下表所示的輸出。

選項	輸出效果
側影輪廓方法 側影輪廓寬度	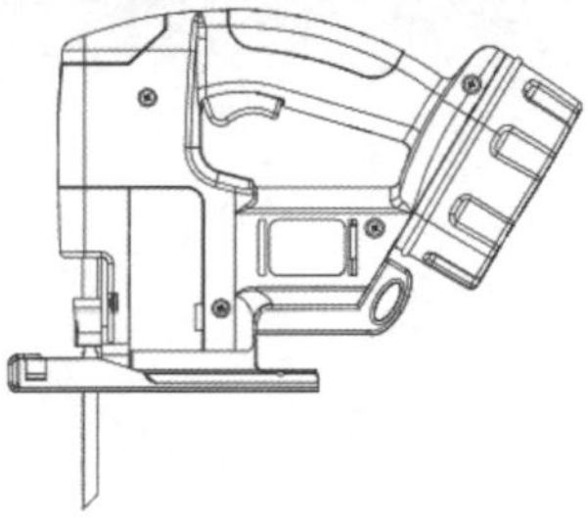
結構邊緣 顯示側影輪廓 色彩區域 色彩深度	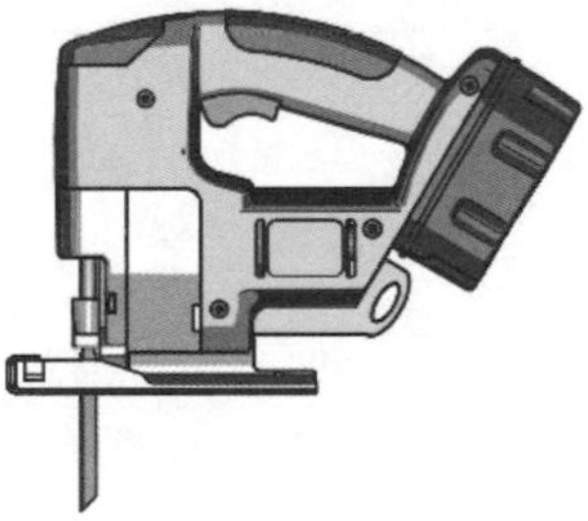

◆技巧

如果您在其他學員完成之前還有時間，請在技術圖示工場中測試其他選項。產生的其他向量圖，您可能會在 jig saw 或其他產品的手冊中看到這些圖。

NOTE

07

產生行銷圖片

 順利完成本章課程後，您將學會：

- 應用紋路
- 產生自訂的光源方案
- 應用渲染效果
- 產生高解析度影像

7.1 概述

在本課中，您將運用選擇方法來定義角色組，然後，我們將應用紋路和光源來加強角色外觀，我們同時還增加一些渲染效果和背景圖片來加強場景，最後，我們將試著發佈為高解析度影像，以符合行銷文件的需求。

7.2 選擇

SOLIDWORKS Composer 應用軟體提供了許多方法來選擇幾何和協同角色，以下將介紹一些選擇的方法：

選擇的項目	方法
選擇一個角色	在視窗、**組合件**頁籤或**協同作業**頁籤上選擇角色。
選擇視窗中的多個角色	• 選取第一個角色，然後按住 **Ctrl** 鍵，再選擇其他的角色，這種方法僅將角色加入在選擇列表中。 • 選取第一個角色，然後按住 **Shift** 鍵，再選擇其餘的角色，這種方法會反轉角色的選擇狀態。

選擇的項目	方法
選擇**組合件**頁籤或**協同作業**頁籤中的多個角色	• 選取第一個角色，然後按住 **Ctrl** 鍵，再選擇其他的角色，這種方法會反轉角色的選擇狀態。 • 選取第一個角色，然後按住 **Shift** 鍵，再選擇最後一個角色，如此則會選取一個連續的列表。
選擇與所選角色接觸的所有角色	選擇一個或多個角色後，點選**首頁→導覽→選擇** ┼ **→選擇相鄰的零件**。
選擇所有角色	按住 **Ctrl+A** 或點選**首頁→導覽→選擇** ┼ **→選擇全選**。
選擇所有未選擇角色	按住 **Ctrl+I** 或點選**首頁→導覽→選擇** ┼ **→倒轉選擇** ✕，這能夠反轉可見角色的選擇狀態，所有未選的選項都變為選取狀態，而所有已選的選項則都變為未選取的狀態。
選擇相對於視窗中一個視窗的角色	• 由左至右拖曳一個矩形窗，以選取該視窗內或接觸到該視窗邊界的所有可見角色。 • 由右至左拖曳一個矩形窗以選取所有在該視窗內的可見角色。 • 點選**首頁→導覽→選擇** ┼ **→選擇內部球形** ◉，或者按一下**首頁→導覽→選擇** ┼ **→選擇橫跨球形** ◉，以在視窗中使用球形視窗進行選擇，點選**定位球心**，並再次點選以完成選擇。 • 您可以按住 **Ctrl** 鍵以在多個視窗中選擇角色。
選擇只選幾何角色或協同作業角色	點選**首頁→導覽→選擇** ┼ **→選擇幾何圖形** ⟡，或按一下**首頁→導覽→選擇** ┼ **→選擇協同** ⟡，這些都是限制選擇的濾器，例如，如果清除了選擇幾何圖形，您將無法選擇幾何角色。
相同色彩的角色	點選**首頁→導覽→選擇** ┼ **→按色彩選擇** ∅，在視窗中選擇一個角色，而應用程式即會選擇其他所有具有相同色彩屬性的角色。
選擇角色的所有副本	點選**首頁→導覽→選擇** ┼ **→選擇副本** ▦，在視窗中選擇一個角色，然後應用程式選擇角色的所有其他實例。
選擇重複選取一組角色	產生一個選擇組，選擇您想要加入選擇組的項目，然後在組合件頁籤或協同作業頁籤的頂部，點選**產生選擇組** ▦。根據所選角色的不同，選擇組會出現在組合件頁籤或是協同作業頁籤中。

請注意選取角色以及強調角色之間的區別，當您將滑鼠移動到一個角色上方時，角色將會顯示為醒目的綠色，而當您選取角色時，角色的表面或邊緣則會顯示為橙色，您可以在文件屬性中更改這些色彩。點選**檔案→屬性→文件屬性→選擇**，即可設定**選擇色彩**和**強調顯示色彩**。

本章開始時，我們將找出位於組合件中大多數的硬體，並且隱藏這些角色。由於它們在我們即將要產生的行銷圖片中小到幾乎看不見，所以我們要將它們全部隱藏起來，以提高效能。

操作步驟

STEP 1　開啟檔案

開啟 Lesson07\Case Study\Swingset_Marketing.smg。

STEP 2　產生攝影機視圖

在**視圖**頁籤中點選**產生攝影機視圖** 📷，並將視圖重新命名為 Default Camera。

現在使用選取工具以選取或隱藏某些硬體，由於這些角色太小，所以我們希望在不影響圖片品質的前提下，將它們隱藏起來以提升圖形效能。

STEP 3　對組合件樹狀結構進行排序

點選位於**組合件**頁籤中的**按字母順序排序** ⊞，此動作能夠根據字母順序排序組合件樹狀結構中的角色，在之前，組合件樹狀結構與 CAD 組合件的結構相符合。

STEP 4　產生選擇組

滑動到**組合件**頁籤的底部，並選擇所有的 Washer 角色，點選組合件頁籤頂部的**產生選擇組** 📦。重新命名新選擇為 Hardware。

STEP 5　根據色彩來選擇

放大組合件直到可以看到螺釘，或另一個可見硬體的頭部。點選**首頁→導覽→選擇** ┼ **→按色彩選擇** 🎨，選擇其中一個硬體零件的表面，所有具有相同色彩屬性的角色皆被選取，此動作將選擇所有組合件中具有相同色彩的硬體，但不會選取所有組合件中的硬體零件，因某些硬體是由不同材質所組成，且擁有不同的色彩。

STEP 6　新增至選擇組

在 Hardware 選擇組上按滑鼠右鍵，並點選**將全景項目加到選擇組**。

STEP 7 隱藏選擇組中的所有角色

取消勾選 Hardware 選擇組前的核取方塊，如此即隱藏所有該選擇組中的角色。

7.3 紋路

紋路是一種應用在模型上類似於壁紙的 2D 檔案圖形，紋路透過收縮包覆應用於整個角色上。在紋路屬性中，您可以設定投影模式來確定紋路收縮包覆的方式、確定圖片大小的比例以及許多其他屬性。SOLIDWORKS Composer 應用程式支援以下紋理影像類型：**Bitmap**、**Jpeg**、**Targa** 和 **Rgb**。

STEP 8 應用紋路至選取角色

選擇兩個藍色的蓬布，在屬性窗格的屬性頁籤中，於**紋路→顯示**上勾選**啟用**，軟體所應用的預設紋路為棋盤圖樣，我們必須將其改變為正確的紋路。

STEP 9 修改紋路

在**紋路→對應路徑**中瀏覽至 Lesson07\Case Study\FabricPlain0028_2_S.jpg，並點選開啟，放大其中一個蓬布，您即可觀察到外觀上的變化，拖曳**紋路→比例高度 / 寬度**的滑桿，以觀察改變紋路尺寸的效果，在屬性中輸入 25 並按下 Enter 鍵。

> 提示　所有的木質零件在 start 視圖中皆有紋路，這是為了要簡化本課的內容，現在我們要新增一個原始角色，並將紋路應用於該角色作為貼圖。

STEP 10 改變縮放比例以及方位

點選視窗中右上角座標系統上的 **Z 軸**，以查看組合件的前方，並放大鞦韆的柱體中心。

> 提示　關閉**攝影機遠近透視模式** 。

STEP 11 新增幾何本原

點選**幾何→本原→產生方形**□，點選
柱體中心以放置方形的中心，然後再次點
選以設定方形的外邊緣。方形的預設顏色
是藍色。

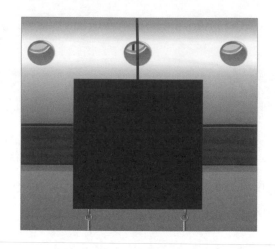

STEP 12 調整幾何體大小

選擇方形並更改其**深度**屬性為 100，**寬度**屬性為 825。

STEP 13 將紋路應用至幾何體上

在選擇方形後，在屬性頁籤的**紋路
→顯示**上勾選啟用，在**紋路→對應路徑**中
瀏覽至 Lesson07\Case Study\SolidWorks_
Composer_Logo.jpg 檔案並開啟。

STEP 14 調整紋路

為了要移除藍色，請取消勾選**紋路→混合（調節）**的核取方塊，現在您可看到僅有紋
路的顏色，而沒有幾何體的顏色。

STEP 15 產生視圖

應用 Default Camera 視圖，點選**產生視圖**，並將新視圖命名為 Maketing。

STEP 16 儲存檔案

> **技巧**
>
> 攝影機方向決定了紋路的最初方向。這就是為什麼我們要改變視圖方向,直接看鞍韉前面的原因。如果我們從等角視方向應用 Logo 的紋路,那麼 Logo 的方向是不正確的。如果您需要修改紋路,可以使用紋路工場中的以下工具來移動或更改紋路的位置:
>
> • 紋路平移模式 ➡ :使您能夠拖曳紋路以改變其位置。
>
> • 紋路旋轉模式 ↪ :使您能夠拖曳紋路以改變其方向。
>
> • 設定紋路投影軸 ↙ :使您能夠沿著面來對齊紋路的法線。
>
> • 設定紋路投影視角 ▣ :使您能夠沿著目前視角的方向來對齊紋路的法線。

7.4 光源

在一般情況下,SOLIDWORKS Composer 中的模型是由環境光源所照亮的,可以更改光源作為視窗的屬性(**光源→光源模式**)。

或者,您也可以使用自訂光源,當您使用自訂光源時,您可以設定您所新增之光源的類型、位置、屬性和方向,且使用自訂光源時,環境光源會被取消,自訂光源包括如下:

工具	功能
方向性光源 ⚙	方向光源來自於離模型無窮遠的光源,來自於單一方向且由平行光線所組成的柱狀光源。
定位性光源 💡	定向光源來自於一個位於模型空間中之特定座標的微小光源,這種光源往各個方向放射光線,其效果就像漂浮在太空的小燈泡。
聚光光源 🔦	聚光光源來自於一個錐形範圍聚焦光源,而它的最亮點在它的中心位置,投射光源可以被瞄準至模型的特定區域。

STEP **17** 更改視窗光源屬性

選擇視窗並在屬性頁籤中展開**光源**選項，為**光源模式**選擇**中等（兩個光源）**，請注意組合件光源的改變，嘗試一些其他選項以測試其他模式，最後為**光源模式**選擇**自訂**，以便您可以新增自訂光源。

> 提示
>
> 以下有一些提示能讓您更容易放置光源，包括：
> - 將視窗分割為多個面板，以使您能夠以 3D 模式觀察光源的位置。
> - 在狀態列中關閉**攝影機遠近透視模式** ，以讓您在拖曳光源時使光源與螢幕保持平行。
> - 使用**平移** ，可能還會與**曲線偵測模式**一起使用，以在特定的方向拖曳。
> - 在拖曳光源時一次移動一點距離，以避免一次就拖曳過大的距離。

7.5 視窗中的多個窗格

您可以將視窗分割為多個窗格。某些功能是所有視窗共享的，而有些則是視窗獨有的，如下所示：

所有視窗共享	視窗獨有
角色外觀（顯示情形和屬性）	攝影機方向（縮放比例和旋轉角度）
渲染的樣式	視窗屬性（背景，地面…等）

當在空間中放置角色（例如幾何角色或光源）時，將視窗拆分為多個窗格最有用。

STEP **18** 分割視窗

點選**視窗→視埠→配置** ，並選擇 **3 個窗格 1 個左窗格和 2 個水平右窗格**的版面配置，關閉**攝影機遠近透視模式** ，使用座標系統定位視圖，以在三個視埠中產生上視圖、前視圖、右視圖。

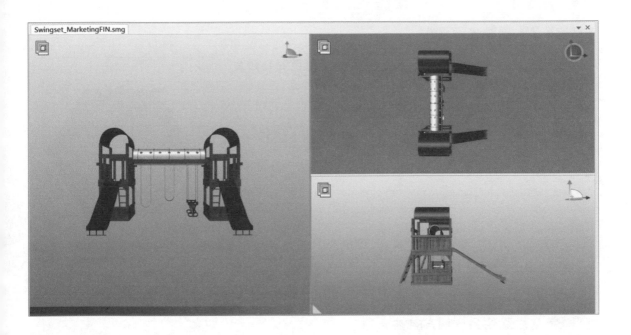

STEP **19** 產生方向性光源

　　點選**渲染→產生→方向性光源** ⚙️，按一下滑鼠以放置光源位置，再按一下滑鼠以設定瞄準位置，瞄準位置是鞦韆頂部圓筒的中央，然後按 Esc 鍵關閉工具，拖曳光源以及瞄準位置至如下圖大概的位置。

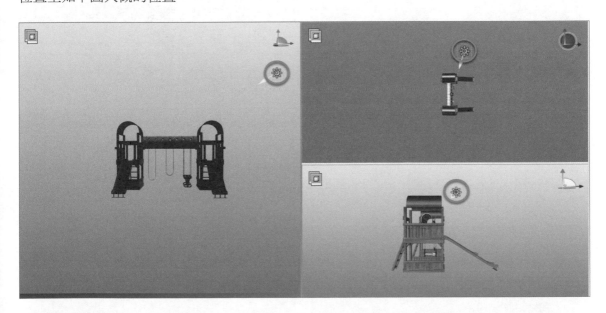

技巧

當您新增光源時，在視窗中僅有一個窗格會改變，那就是唯一一個視窗**光源模式**屬性被設定為**自訂**的面板。

STEP **20** 調整光源屬性

　　確定已選取方向性光源，設定**色彩→漫射色彩**為淺黃色。

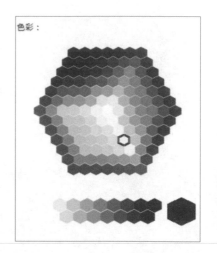

STEP **21** 產生另一個方向性光源

　　點選**渲染→光源→產生→方向性光源** ⚙ 。按一下滑鼠以放置光源，再按一下滑鼠以設定瞄準位置，瞄準位置是鞦韆頂部圓筒的中央，然後按 Esc 鍵關閉工具，拖曳光源以及瞄準位置至如下圖大概的位置。

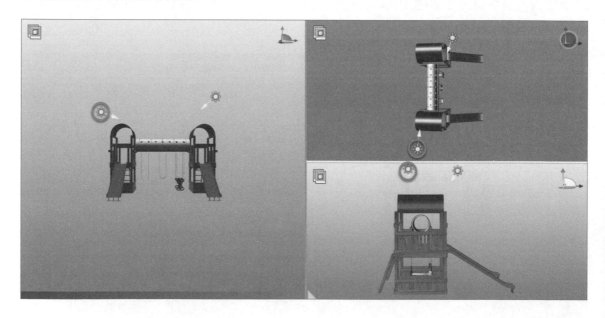

STEP 22 調整光源屬性

確定已選取第二個方向性光源。設定**強度**屬性為 **0.75**。

STEP 23 更新視圖

點選**視窗→視埠→配置→ 1 個窗格** □ 以回到單一視埠，更新 Marketing 視圖以取得光源的位置和屬性，應用 Default Camera（攝影機視圖），再次更新 Marketing 視圖以取得攝影機方位。

STEP 24 儲存檔案

7.6 | 場景

場景或稱之為環境，會產生模型周圍的設定，並影響模型出現在視窗中的方式。如果沒有場景的話，模型被渲染時其周圍將不會有任何東西。模型和光源會在場景中的各種元素上產生陰影，在 SOLIDWORKS Composer 中，您能夠透過以下方式來改變場景：更改地面協同角色、應用渲染頁籤上的工具，或是在背景中新增一個 2D 影像角色。

STEP▶ **25** 調整地面屬性

在協同作業頁籤中，勾選**環境→地面**核取方塊，選擇
Ground 角色，設定以下屬性：

- **自動調整**：取消勾選**啟用**核取方塊，可讓使用者設定 Ground 角色的尺寸。

- **直徑**：輸入 7700 並按 Enter 鍵設定尺寸。

- **地面紋路**：瀏覽至 Lesson07\Case Study\Grass0026_ 8_ S.jpg 並按一下**開啟**。這將在模型下方增加一張青草地圖片。

- **地面紋路→比例**：輸入 40 並按 Enter 鍵，更改青草的外觀。

- **地面陰影**：勾選**啟用**核取方塊。

- **地面網格**：取消勾選**啟用**核取方塊。

- **地面邊框→掉落**：輸入 75 並按 Enter 鍵，更高的數值意味著在邊線附近的地面效果衰減更慢，修改後效果如下圖所示。

STEP▶ **26** 新增每個像素光源

點選**渲染→光源→每個像素光源** ⚪，如此即可展示在每個像素中根據顏色以及光源的陰影表面，如下圖所示。

STEP 27 新增陰影

　　點選**渲染→光源→陰影** 📄，這樣會讓所有幾何角色投射且接收陰影。如果沒有使用**每個像素光源**，就不會有陰影。

提示　從書中您可能很難察覺圖片中場景的不同，請在您的螢幕中以更大的畫面，以及更高的解析度來研究圖片。

STEP 28 新增周圍吸收

點選**渲染**→**光源**→**周圍吸收**，點選視窗並更改**光源**→**周圍吸收半徑**屬性設定為 9，周圍吸收藉由考量來自於周圍角色的光源衰減來顯示陰影面，如下圖所示。

STEP 29 新增景深

點選**渲染**→**範圍深度**→**範圍深度**，再點選**渲染**→**範圍深度 / 設定焦點**，然後按一下鞦韆前面的 logo 以設定焦點，景深是測量當目標仍在焦點中時離攝影機的距離，請注意在兩個塔台上的角色是如何變模糊的，如下圖所示。

> **提示** 在設定景深的焦點後，焦點的選擇仍會保留在螢幕上，您可以透過取消勾選**渲染**→**範圍深度**→**顯示**的核取方塊來移除。

STEP 30 新增背景圖片

點選**作者→面板→2D 影像** 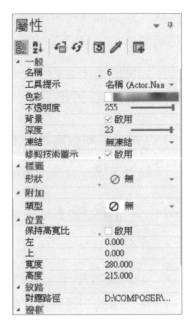，點選紙張空間的左上方以設定圖片的一個角，然後點選圖紙的右下方以設定圖片的另一個角。

> **提示** 請注意不要點選視圖模式按鈕切換到動畫模式，在一開始，軟體所應用的預設紋路為一個印在組合件前的棋盤，我們必須要改變圖片並將其移動到背景當中。

STEP 31 修改背景圖片

當圖片仍處於被選擇的狀態下時，設定以下屬性：

- **背景**：勾選**啟用**核取方塊，將圖片放置到組合件後面。

- **位置→左**：輸入 0 並按 Enter 鍵。

- **位置→上**：輸入 0並按 Enter 鍵。

- **位置→寬度**：輸入 280 並按 Enter 鍵。

- **位置→高度**：輸入 215 並按 Enter 鍵。更改這四個放置屬性，強制將圖片填滿到整個紙張空間。

- **紋路→對應路徑**：瀏覽至 Lesson07\Case Study\BG testLight4.jpg 並按一下開啟。這將使用一張戶外圖片替換預設的紋路，如下圖所示。

STEP **32** 更新視圖

更新 Marketing 視圖。

STEP **33** 儲存檔案

7.7 高解析度影像

在前面的章節中,您已發佈過 JPG 檔案,但卻沒有對於任何解析度、尺寸或設定進行控制。透過高解析度影像工場,您可以控制點陣圖的輸出選項,點陣圖是由像素所組成,每個像素都被分配到一個顏色與位置。

點陣圖與向量圖相比的優點是,點陣圖能準確地顯示模型光線、陰影或顏色的細微變化,以及每英吋的點能被控制。

STEP **34** 開啟高解析度影像工場

點選**工場→發佈→高解析度影像** 🖼️。

STEP **35** 設定高解析度輸出選項

在此工場中:

- 勾選**邊線平滑化**以消除鋸齒。若使用者想要控制效果,可使用**邊線平滑化**頁籤中的選項。

- 取消勾選 **Alpha 色頻**。因為在此不需要透明的背景,且因為要發佈的 JPG 檔案類型不支援 Alpha 色頻。

- **像素**選擇**自動**並在 **DPI** 中輸入數值 200。

- 勾選**使用文件的紙張**,設定輸出尺寸。

STEP **36** 產生點陣圖

在工場中，點選**另存新檔**，在**另存新檔**對話方塊中輸入**檔名 Marketing** 並**儲存**，應用程式會自動追加 **.jpg** 的副檔名。

STEP **37** 開啟點陣圖

在 Windows 檔案總管中，以滑鼠右鍵點選 Marketing.jpg 並選擇預覽，如下圖所示。

技巧

您的圖片可能會因為您所應用的不同渲染效果而有所不同，特別是因為自訂光源的放置位置。

STEP **38** 儲存並關閉檔案

練習 7-1 光源和紋路

練習應用紋路、新增自訂光源和使用**高解析度影像**工場。完成練習後,將產生如 STEP 6 之後所示的 JPG 檔案。此練習可加強以下技能:

- 紋路
- 光源
- 高解析度影像

開啟 Lesson07\Exercises\jig saw.smg。

> **提示** 根據圖片以定位光源和角色。

操作步驟

STEP 1 新增 **texture001.bmp** 圖片至兩個 **bezel** 角色

> **提示** 將紋路比例減少至大約 15%,以避免在一些彎曲表面上的模糊不清。

STEP 2 新增 **texture002.bmp** 至 **battery** 角色

STEP 3 新增聚光光源

- 將光源放置在如下圖的位置。
- 將它指向電鋸的中心。
- 調整椎體光束大小至足夠照亮整個電鋸。
- 將**周圍色彩**更改為淺藍色。

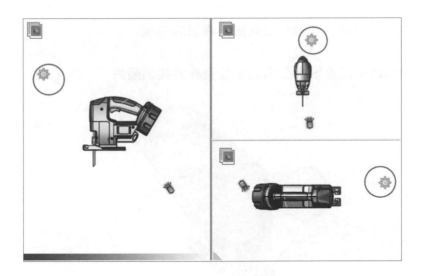

提示 您需要按滑鼠 3 下以放置聚光光源：按第 1 下放置光源的位置；按第 2 下以設定目標的中心；按第 3 下以測定圓錐的尺寸。

STEP 4 新增方向性光源

- 將方向性光源定位在如下圖的位置。

- 將它指向電鋸的上方和右方。

- 將**周圍色彩**改變為黃色。

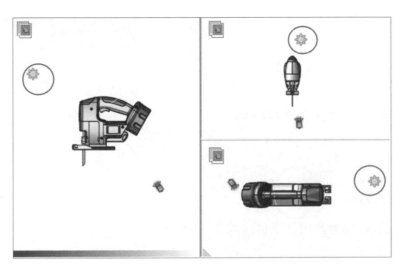

STEP 5 依您所需增加其他光源以加強表面的效果

STEP 6 使用高解析度影像工場以產生最終的輸出圖片

練習 7-2 渲染效果

練習應用各種渲染效果以增強場景的效果。完成練習後,將產生如 STEP 6 之後所示的 JPG 檔案。此練習可加強以下技能:

- 光源
- 場景
- 高解析度影像

開啟 Lesson07\Exercises\toy car.smg。

操作步驟

STEP 1 更改方位

應用透視並旋轉模型到可從玩具車的前方看的位置。

STEP 2 更新地面效果

- 關閉網格效果。

- 開啟鏡像效果。

- 將**地面鏡像→反射強度**屬性改為 100。

STEP 3 更改光源

使用預設的其中一種光源方案，選擇您喜歡的或選擇**金屬（3 個光源）**。

STEP 4 應用其他光源效果

- 開啟**每個像素光源**。

- 開啟**陰影**。

- 開啟**周圍吸收**。

- 將**光源→周圍吸收半徑**屬性改為 5。

STEP 5 新增景深效果

- 開啟**範圍深度**。

- 將齒條與齒輪中間的位置設為焦點。

STEP 6 使用高解析度影像工場以產生最終的輸出圖片

練習 7-3 合併和對齊角色

練習輸入,再將扳手合併到電磁線圈組合件中,以進行維修流程。此練習可加強以下技能:

- 紙張空間
- 輸入文件
- 對齊角色
- 視窗中的多個窗格

開啟 Lesson07\Exercises\solenoid.smg。

操作步驟

STEP 1 查看現有視圖

觀察 solenoid.smg 的 Default 和 Section 視圖,當你完成此練習後,這些視圖應保持不變。

STEP 2 將 wrench.sldprt 合併到目前文件中

確保此零件輸入後有一個角色,並且紙張尺寸為 A4 尺寸。

> **提示** 如果沒有安裝 SOLIDWORKS Importer,請開啟 Lesson07\Exercises\wrench.smg。但仍必須確保紙張尺寸是正確的。

STEP 3 將 wrench 靠近其最終位置

使用多個窗格和移動工具,將扳手靠近如下圖所示的位置。

STEP 4 對齊 wrench

使用對齊和移動工具來定位如下圖所示的扳手。

STEP **5** 產生視圖

產生一個名為 Service 的視圖來展示扳手。

NOTE

08

產生動畫

 順利完成本章課程後,您將學會:

- 利用時間線窗格產生動畫

- 在時間線窗格周圍移動

- 模擬角色的位置變化

8.1 概述

本章將檢視一個現有的動畫，以便熟悉**時間線**窗格。然後將產生一個爆炸 Cutter 組合件中幾個零件的動畫，如下圖所示。

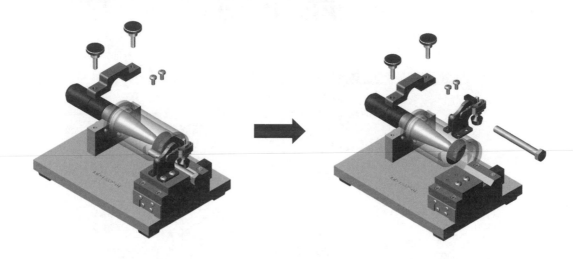

8.2 時間線窗格

SOLIDWORKS Composer 使用了一個定點的框架基準介面內建到時間線裡，時間線窗格以簡易的入口得以通往定點、放大鏡，以及循環播放系統，簡化產生與編輯過程。預設情況下，此窗格會在 SOLIDWORKS Composer 視窗的下方。

STEP 1 開啟檔案

開啟 Lesson08\Case Study\Cutter.smg。

STEP 2 確認動畫模式

確認在視窗左上角看到的是**動畫模式** ，當該圖示為啟用狀態時，即可控制時間線窗格。

STEP 3 播放動畫

在時間線窗格中，取消勾選**循環播放模式** ↻，讓動畫僅播放一次，然後點選**播放** ▶，注意動畫中會發生什麼：

- 攝影機方向和縮放比例發生變化。

- 組合件每次會爆炸一部分。

- 攝影機方向再次改變，以顯示組合件的另一側。

以上是可以在 SOLIDWORKS Composer 中進行動畫的諸多功能的一部分。

8.2.1 術語

在您使用時間線窗格前，有一些術語需要學習。下圖為一個範例動畫的**時間線**窗格圖片。

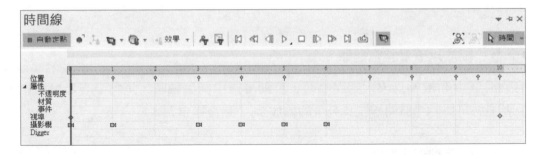

◆ **時間列**

時間列是一條可以隨時拖曳以顯示動畫的垂直線。它還可用於在特定時間放置事件。如在上圖中，0.0 秒標記處的藍色垂直線即為時間線。

◆ **定點**

定點控制了特定時間裡的角色特性。此介面有不同類型的定點來追蹤不同的特性：

- **位置**定點記錄角色的位置。

- **屬性**定點記錄角色的屬性。其中不透明度、材質和事件有額外的定點軌跡。

- **視埠**定點記錄視窗區的屬性。

- **攝影機**定點記錄模型的方向。

- **Digger** 定點記錄 Digger 的特性。

◆ **定點軌跡**

定點軌跡顯示並控制動畫中的事件順序，在定點軌跡中的排列對應著不同類型的定點。

◆ **時間線工具列**

時間線工具列包含產生和編輯動畫所需的工具。

8.2.2 在時間線窗格裡移動

目前動畫持續時間大約為 10 秒。根據應用程式視窗的大小，您可能無法在定點軌跡中看到全部 10 秒。如果想看到所有 10 秒內容，則定點可能會靠得很近且難以選取。故使用平移和縮放工具可幫助您在定點軌跡中顯示您想要的內容。

STEP 4 平移查看動畫結局

按住滑鼠中鍵並在定點軌跡內水平拖曳。或者，您可以點選時間線工具列上的**平移** ✛，然後拖曳。

STEP 5 縮放以查看特寫鏡頭

滾動滑鼠中間滾輪以放大定點軌跡。滾動滑鼠中間滾輪時，焦點中心是目前指針位置。或者，您可以點選時間線工具列上的**縮放** ⍩，然後拖曳。

STEP 6 顯示整個定點軌跡

在定點軌跡上按滑鼠兩下，以顯示定點軌跡中的所有定點。

8.2.3 控制播放

時間線工具列包括控制視窗中動畫播放的工具。此外，您可以沿著定點軌跡拖曳時間列來播放動畫，或者您可以點選定點軌跡上的任何位置以顯示當時的動畫。

STEP 7 拖曳時間列

將時間列拖曳到 2 秒處。您可能需要放大定點軌跡才能將時間列移動到 2 秒處。視窗顯示當時的動畫。

STEP 8 顯示下一個定點

點選時間線工具列上的**下一個定點** ▶▶。時間列跳到下一個定點。多次點選下一個定點 ▶▶ 以逐步瀏覽定點軌跡中的各個定點。

STEP 9 跳到結局

點選時間線工具列上的**快轉** ▶|，以將動畫推前到結尾。

提示 在播放動畫時，您可以忽略攝影機定點，關閉**攝影機播放模式** ▶，即不會在您播放動畫時有所改變，當**攝影機播放模式** ▶ 關閉時，所有導覽工具（縮放、平移、旋轉等）在動畫播放期間仍都可用。

8.3 位置定點

位置定點記錄角色的位置，角色位置說明了角色如何爆炸或收合。位置定點控制幾何和協同角色的位置。位置定點可以同時存在多個，在任何時候，定點可以控制數個角色的位置。您可以使用濾器來定義特定角色的定點。

8.3.1 自動定點

在時間線工具列中選擇**自動定點**後，當您更改角色的位置時，應用程式會在時間列的現在位置記錄定點。例如，如果時間列位於 3 秒處，而您移動了一個角色，則自動定點會放置一個定點來記錄其位置。

使用**自動定點**可以更輕鬆地產生動畫，但必須謹慎使用。例如您移動某個角色以查看其背後的內容時，**自動定點**會在時間列的現在位置放置一個定點以記錄角色的新位置。所以請記住自動定點會記錄所有位置和屬性的變更。

另外，您應該注意**自動定點**不會記錄現狀。若您希望角色從 5 秒移到 7 秒，則必須手動將位置定點設定在 5 秒。自動定點無法記錄，角色必須保持原地不動 5 秒。

8.3.2 一般過程

此過程顯示了最常用的動畫位置或屬性變更的步驟：

1. 將時間列移動到開始時間。

2. 設定定點以記錄角色的初始外觀或位置。

3. 將時間列移動到結束時間。

4. 更改角色的外觀或位置。

5. 設定定點以記錄角色的最終外觀（如果**自動定點**已啟用就不需要了）。

   在本章接下來的內容中，將產生移除固定夾和螺釘的動畫順序。

STEP **10** 設定位置定點

在視窗中，選擇剩餘兩個用於固定夾的圓頭十字螺釘。將時間列移動到 7 秒。點選時間線工具列上的**設定位置定點** ⚘。這將在 7 秒處記錄這些角色的現在位置。

STEP **11** 移動角色

將時間列移動到 8 秒。點選**轉換→移動→平移** ⬚→，並依綠色箭頭拖曳角色至另兩個圓頭十字螺釘的附近。由於開啟自動定點，故在 8 秒處會出現一個定點。

STEP **12** 播放動畫

將時間列移動到 6 秒，然後點選時間線工具列上的播放 ▶。

提示 您應經常播放動畫以檢視您的結果，在本課中，建議您在移動角色後播放動畫，若您不小心出錯，且是剛完成的步驟，則可以按 Ctrl + Z 輕易地取消操作。

STEP **13** 設定位置定點

在**組合件**頁籤中，選擇 CLAMP SUBASSY 以選擇固定夾。在這個案例中，是否使用組合件選擇模式並不重要。將時間列移動到 8 秒。點選時間線工具列上的**設定位置定點** 📍。這將在 8 秒處記錄這些角色的現在位置。

STEP **14** 移動角色

將時間列移動到 9 秒。點選**轉換→移動→平移** ⊡→，並拖曳角色至圓頭十字螺釘的正下方。

STEP **15** 播放動畫

將時間列移動到 6 秒，然後點選時間線工具列上的**播放** ▶ 。螺釘應該先爆炸，然後固定夾再爆炸，如右圖所示。

STEP **16** 設定點置定點

選擇 hex cap screw_am，並將時間列移到 9 秒處，點選時間線工具列上的**設定位置定點** 📍。

STEP **17** 移動角色兩次

將時間列移動到 10 秒，點選**轉換→移動→平移** ⊡→，使用一個控制點將螺釘向右移動，再用另一個控制點將螺釘向上移動。由於開啟**自動定點**，故在 10 秒處會出現一個定點。

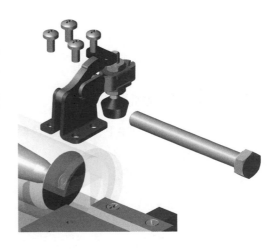

STEP **18** 播放動畫

將時間列移動到 8 秒處，然後點選時間線工具列上的**播放** ▶，觀察螺釘爆炸的一連串順序。注意角色是以對角線路徑移動到最終位置，您可能認為它應該會先向右移動，然後再向上移動，而不是沿著對角線的路徑移動，這是怎麼回事呢？

這是因為垂直和水平的轉換都設定在 10 秒處所致，而時間列無法在兩個轉換間移動。應用程式透過最短路徑，將角色從 9 秒時的起始位置移動到 10 秒時的最終位置。若要分別記錄垂直和水平動作，您必須在不同時間為兩個轉換分別設定定點。

STEP **19** 將角色還原到其初始位置

由於這不是我們想要的行為，因此可按 Ctrl+Z 幾次以取消一些步驟，並將螺釘還原到其初始位置。當回到初始位置時，在 10 秒處的定點即會消失。

> 提示
>
> 在**時間線**窗格中復原步驟有幾種方法：您可以使用剛才那樣的復原功能，可選擇定點並對其進行編輯（例如，將它們移動到不同的時間）；您也可以刪除不需要的定點，直到您更加熟悉時間線窗格和定點軌跡。在此建議您使用 Ctrl+Z 功能來更正最近的錯誤，以免在定點軌跡中編輯或刪錯定點。

STEP **20** 再次移動角色

- 將時間列移動到 9.5 秒處。

- 將螺釘移動到右邊。

- 將時間列移動到 10 秒處。

- 將螺釘向上移動。

由於開啟**自動定點**，故在 9.5 和 10 秒處各會出現一個定點。

STEP **21** 播放動畫

將時間列移動到 0 秒，然後點選時間線工具列上的**播放** ▶ 來檢視整個動畫。

STEP **22** 產生影片輸出

- 確保**紙張** 🔳 處於開啟狀態。

- 點選**工場→發佈→視訊** 🎬。在本章中，我們保留所有預設設定，但你可以更改解析度、時間範圍或使用邊線平滑化效果。

- 點選**將視訊另存為**。

- 瀏覽至 Lesson08\Case Study 資料夾。

- 確保**另存類型**為 **MP4**。

- **檔名**輸入 Cutter 後**儲存**。

STEP **23** 播放視訊

瀏覽至在上一步中產生的 Cutter.mp4，並播放視訊。

STEP **24** 儲存並關閉檔案

技巧

動畫課程就此結束了，在此沒有隱藏或收合角色。這只是對動畫的入門介紹，在接下來的章節中，您將學到更多關於動畫的知識。

練習 8-1 產生爆炸動畫

練習產生動畫。完成練習後,將能夠產出爆炸角色的動畫。此練習可加強以下技能:

- 爆炸視圖

- 在時間線窗格中移動

- 一般過程

- 位置定點

    開啟 Lesson08\Exercises\solenoid.smg。

    下表中的欄位內容為:

- 步驟。要完成動畫的任務序號。

- 開始(以秒為單位)。任務開始的時間,記住設定開始時間的角色初始位置。

- 結束(以秒為單位)。任務結束的時間。

- 動作。任務的本質,通常會伴隨著一個圖示以便顯示每個任務裡的角色,如右圖所示。

    例如,STEP 2 表示墊圈在 2 秒的開始位置,以及 4 秒的結束位置。

> **提示** 本練習要求您重複執行相同的任務,在動畫中移動角色,重複將有助於加強設定定點和移動時間列的基礎動畫技能。記得經常播放動畫並在出錯時使用 Ctrl+Z 復原。

步驟	開始	結束	動作
1	0	2	移動 102826.5.
2	2	4	移動 102826.6.
3	4	6	移動 102826.4.
4	6	8	移動 102826.7 這四個角色
5	8	10	移動 102826.8 這四個角色
6	10	12	移動 102826.2.
7	12	14	移動 102826.3.

NOTE

09

產生互動內容

 順利完成本章課程後，您將學會：

- 將視圖拖到時間線以產生動畫

- 在定點軌跡中複製與移動定點

- 產生 Digger 的動畫

- 新增事件以控制動畫

9.1 概述

本章我們將產生一個動畫來模擬一組典型的組合件指令。動畫將用一系列的視圖來建構，然後進行修改以改善動畫順序，並新增事件來觸發動畫。

9.2 動畫視圖

在上一章中，動畫是透過設定角色的開始和結束的位置，及角色的屬性來產生的。建立動畫的另一種方法是產生作為動畫情節的視圖，然後將該視圖拖曳到**時間線**窗格來產生從一個視圖轉換到下一個視圖的粗略動畫。該應用程式使用視圖來控制角色的屬性和位置以及攝影機位置。

STEP 1 開啟檔案

開啟 Lesson09\Case Study\Piston.smg。

STEP 2 確認動畫模式

確認在視窗左上角看到的是動畫模式 ▦，當該圖示為啟用狀態時，即可控制**時間線**窗格。

STEP **3** 將 Default 視圖拖曳到時間線

　　從視圖頁籤中拖曳 Default 視圖到時間線的 0 秒處。注意視圖的名稱已被新增標記，標記是時間線窗格中的註釋，其對於在動畫中定位定點事件很有用，更重要的是，它們對於新增事件以觸發動畫非常重要，這將在本章的後面內容中說明。

STEP **4** 將其他視圖拖曳到時間線

　　依據下表指示的時間，將其餘六個視圖拖曳到時間線中：

視圖	時間
O1a	1 秒
O1b	2 秒
O2a	3 秒
O2b	7 秒
O3a	8 秒
O3b	9 秒

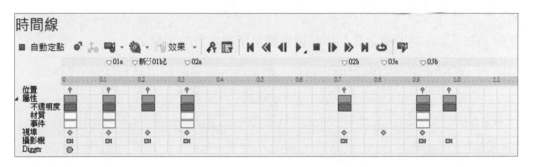

STEP **5** 播放動畫

　　點選**倒帶** ◄ →**播放** ▶。動畫完整播放，角色的位置和顯示情形看起來如預期呈現。

9.3 改善動畫

將視圖拖曳到時間線以產生動畫的方法效果很好。接著可以對動畫進行一些改進,包括:刪除多餘的定點、增強收合的順序等。

9.3.1 移除額外的定點

每次新增視圖時,每個角色都有定點。因此每個角色在 0 秒、1 秒、2 秒等處都有定點,這將建立執行相同功能的額外定點,而 SOLIDWORKS Composer 有一個**刪除未使用的定點**功能,該功能可刪除定點軌跡中不必要的定點。

9.3.2 濾器

濾器允許您僅顯示會影響某些角色或角色屬性的部分定點。在定點軌跡中,濾器可幫助您找到所需的定點。下表列出兩種濾器:

工具	動作
僅顯示所選角色的定點 🧠	僅顯示目前選擇的定點。
僅顯示所選屬性的定點 🗂	僅顯示所選擇的定點的內容屬性(色彩、不透明度…等),這可以結合第一個工具來過濾所選角色的屬性內容。

STEP 6 查看額外的定點

選擇 piston。在時間線工具列中點選**僅顯示所選角色的定點** 🧠 。

請注意,即使此角色在動畫中不移動,該角色的每個標記也都有位置定點。

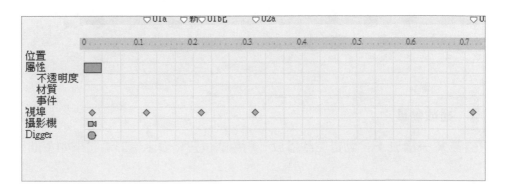

STEP **7** 清除未使用的定點

在視窗的空白區域中按一下滑鼠左鍵以取消選擇 piston。關掉在時間線工具列上的**僅顯示所選角色的定點** ⚓。請點選**動畫→清理→刪除未使用的定點** 🔧，再按**確定**以關閉警告。該應用程式將清除所有未使用的定點。

◀技巧▶

在這種尺寸的組合件中，此功能可能不是必需的，但在具有許多視圖的大型組合件中，此功能就可提高效能。此外，即使在小型的組合件中，若時間線上的定點較少，將可更輕鬆地編輯時間線。

9.3.3 改善收合順序

當您將視圖拖曳到時間線時，動畫將從一個視圖轉換到下一個視圖。在收合的順序中，這會導致所有角色同時開始和結束其運動。但實際情況並非如此，因為您需要先將一個角色移動到位才能再移動另一個。

我們現在將清理 piston rings、piston rod 和 piston pin 的收合順序。

STEP **8** 查看收合順序

從 1 秒播放動畫到 2 秒，理想情況下，piston rings 應該卡入到位。

STEP **9** 設定動畫選項

點選**動畫→其他→時間設定** ⚙，並取消勾選移動定點時更新標記，再按**確定**。

提示 ▏ 取消勾選後，複製定點時不會複製標記。

STEP 10 選擇兩個 piston ring

將時間列移動至 2 秒處。選擇兩個 piston ring 角色，並點選時間線工具列上的**僅顯示所選角色的定點** &。

STEP 11 複製定點

按住 Ctrl 並將定點從 2 秒拖曳至大約 1.8 秒。因為濾器的關係，這裡僅複製 piston ring 角色的位置定點。

STEP 12 更改比例屬性

將時間列移至 1.8 秒處。在 **Y 比例**和 **Z 比例**的屬性上輸入 **1.2**，可在視窗中看到這兩個 piston ring 變大了。由於開啟自動定點，因此會自動記錄屬性的更改。

STEP 13 查看改進的順序

從 1 秒播放動畫到 2 秒。piston rings 在移動到位時會變大，然後圍繞 piston head 收縮，就好像它們卡入到位一般。

STEP 14 查看下一個收合順序

從 3 秒播放動畫到 7 秒，有一些我們可以改進的地方。

- 四個角色同時移動，應按順序移動。

- retaining ring 在移動到 piston pin 時不會變大。它們應該模擬卡入咬合的畫面。

STEP 15 更改 connecting rod 運動的時間

　　確保時間線工具列上的**僅顯示所選角色的定點** ⚲ 是開啟狀態。選擇 connecting rod 以顯示其定點，按住 Ctrl 鍵，再將位置定點從 7 秒拖曳至 4 秒處。

> **提示** 複製定點而不是移動定點，因為您並不知道 7 秒鐘後該角色將會發生什麼情況。透過複製定點可以確保在發生此收合順序時，定點不會從 4 秒移動到 7 秒。

STEP 16 複製其他定點

　　接下來，按照下表所示複製幾個定點：

選擇	複製定點	將定點黏貼到
piston pin	3 秒	4 秒
piston pin	7 秒	5 秒
retaining ring x 2	3 秒	5 秒
retaining ring x 2	7 秒	6 秒

STEP 17 更改比例屬性

　　將時間列移至 6 秒處。在 **X 比例**和 **Y 比例**的屬性上輸入 **1.3**，可在視窗中看到這兩個 retaining rings 變大了。由於開啟自動定點，因此會自動記錄屬性的更改。

9.4 Digger 定點

您可以設定 Digger 定點來控制動畫中 Digger 的所有方面。您可以隨時間控制 Digger 的位置和大小、關注中心,以及 Digger 的功能(縮放、洋蔥皮等)。

Digger 有自動定點模式,建議您取消選擇此項並使用手動設定 Digger 定點,直到您對 SOLIDWORKS Composer 更加熟練。

本章將使用 Digger 來凸顯固定 piston pin 的 retaining ring。

STEP 18 設定 Digger

將時間列移至 5.8 秒處。按**空白鍵**開啟 Digger。拖曳**變更興趣中心** ⊕ 工具,直到它指向 retaining ring,如圖所示。必要時請拖曳**百分比** 工具以更改縮放數值。

STEP 19 產生 Digger 定點

點選時間線工具列上的**設定 Digger 定點** 。此時會記錄目前 Digger 的尺寸和屬性。

STEP 20 複製並更新 Digger 定點

按住 **Ctrl** 鍵,並將 Digger 定點從 5.8 秒複製到 5.5 秒處,目的是為了讓 Digger 在 5.5 秒處但保持其在 5.8 秒處的大小和位置。將時間列移動到 5.5 秒,拖曳**半徑** 控制點將 Digger 的大小調整為一個小圓圈,再點選時間線工具列上的**設定 Digger 定點** 。藉由在 5.5 秒時使 Digger 變小,您可以模擬 Digger 的淡入效果。

STEP 21 複製兩個 Digger 定點

按住 **Ctrl** 鍵,並將 Digger 定點從 5.8 秒複製到 6.5 秒處,在此期間保持 Digger 不變。按住 **Ctrl** 鍵,並將 Digger 定點從 5.5 秒複製到 7 秒之前的定點中,這可模擬 Digger 淡出效果。

STEP **22** 隱藏 Digger

將時間列移至 7.0 秒處，按空白鍵關閉 Digger。點選時間線工具列上的**設定 Digger 定點** 🐌。

STEP **23** 儲存檔案

9.5 在定點軌跡中選擇

您可以在定點軌跡中選擇多個定點，並在這些選擇組上執行許多功能。例如，您可以在定點之間增加或壓縮時間、複製定點和反轉定點的順序。通常，您可以在要選擇的定點周圍拖拉窗選。

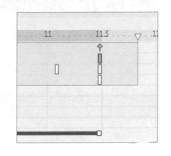

對於任何選擇來說，您都可以拖拉比例控制點來縮放完成該動畫片段所需的時間，您可以增加或減少時間，而出現在所選時間之後的所有定點都將會移動。若要更改定點之間的時間，您可以在定點周圍區域拖拉窗選來修改定點之間的時間長度，然後，再使用比例控制點增加或刪除一個時間塊。

如果一次選擇了多個定點，則定點下方會出現一個黑條。您可以拖拉黑條的任一端來調整定點之間的時間（注意，此操作不會從時間線中增加或刪除時間），也可以拖拉黑條的中央來移動所選的定點。若要複製所選的定點，請按住 Ctrl 並拖拉黑條的中央到新的位置。

STEP **24** 查看最後收合順序

從 8 秒播放動畫至 9 秒處，我們可以改進一些地方：

- 七個角色同時移動，應按順序移動。

- 一秒鐘內太多動作了。

STEP 25 增加時間

將窗選範圍設定在大約 8.5 秒處，窗選的寬度並不重要，只要您選擇所有列並且不選擇 8 秒或 9 秒間的任何定點。按住 Shift 鍵，並向右拖拉比例控制點，可將後面的定點從 9 秒移至 12 秒，放開滑鼠左鍵，再放開 Shift 鍵。

> **提示** 按住 **Shift** 可在移動定點時移動標記，目前定點軌跡上在 8 秒到 12 秒之間沒有定點。

STEP 26 複製位置定點

點選時間線工具列上的**僅顯示所選角色的定點** &，並複製角色的位置定點，如下表所示：

選擇角色	複製定點的時間	貼上定點的時間
軸承蓋	12 秒	9 秒
連桿軸承 x2	8 秒	9 秒
連桿軸承 x2	12 秒	10 秒
螺釘 x2	8 秒	10 秒
螺釘 x2	12 秒	11 秒
螺母 x2	8 秒	11 秒

STEP 27 關閉濾器

取消勾選時間線工具列上的**僅顯示所選角色的定點** &。

STEP 28 播放動畫

完整播放整個動畫，並注意以下重要更改：

- piston rings 和 retaining rings 卡入定點。
- Digger 凸顯了 retaining rings。
- 角色以正確的順序移動。

9.6 事件

事件允許觀看者與視窗中的角色互動。當有人在 SOLIDWORKS Composer Player 中查看 SOLIDWORKS Composer 檔案時，就會發生這種互動。當想將角色與事件進行相互關聯時，您可修改角色的屬性。事件包括開啟檔案、URL 和 FTP 站點的連結，以及顯示視圖、播放標記順序或播放整個動畫的連結。

> **注意** 如果向角色新增事件，則必須更改角色的**脈動**屬性以停止動畫。如果不更改脈動屬性，動畫將繼續播放並忽略該事件。

本章我們將使用事件來允許觀看者播放或重播動畫的部分內容。

STEP 29 新增播放按鈕

將時間列移至 0 秒處。點選**作者→面板→ 2D 影像→所有按鈕 ▓**，按一下滑鼠以將按鈕放在紙張空間底部附近。

STEP 30 檢查事件屬性

選擇**下一步 ◉**，注意不要調整大小或移動小圖像。

在屬性頁籤中，展開窗格底部的樣式。注意到**連結 [事件]** 屬性設定為 next://ref:next。當使用者點選此按鈕時，動畫將一直播放至時間線中的下一個標記。

STEP 31 測試動畫

清除狀態列中的**設計模式 ▨**。這將在 SOLIDWORKS Composer 中模擬 SOLIDWORKS Composer Player。點選**下一步 ▶** 從頭開始播放動畫，每次動畫暫停時，按一下視窗中的按鈕，則動畫即向前移動一個標記順序。

STEP 32 回到設計模式

點選狀態列中的**設計模式 ♣**，以便您可以繼續修改動畫。

9.7 動畫協同角色

在接下來的內容中，您將增加一個文字頁籤來註記動畫。當新增協同角色時，也會新增兩個定點，一個定點會新增到放置時間列的位置，而另一個定點則會在目前時間列位置的前面一點。前面的定點僅控制不透明度，並使協同角色淡入。

STEP 33 產生文字頁籤

將時間列移到 1 秒處。點選**作者→面板→ 2D 文字** 🔤。在頁籤中的文字上輸入 Attach Piston Rings，並將**大小屬性設定為 20**，以增加字體的大小。

STEP 34 設定中立屬性

選擇**大小屬性**，然後點選**設為中立屬性** 🔗。

這個設定將使文字大小在整個動畫中始終為 20。之前的設定是僅在 1 秒時設定為 20。

STEP 35 更新文字頁籤

將時間列移至 3 秒處。在文字頁籤中輸入 Attach Connecting Rod 的字樣。將時間列移至 8 秒處。在文字頁籤中輸入 Attach Bearing Cap 的字樣。

STEP 36 播放動畫

清除狀態列中的**設計模式** 📐。點選**下一步** ▶ 從頭開始播放動畫，注意文字頁籤大約在 0.7 秒時淡出。

STEP 37 儲存並關閉檔案

練習 9-1 管理時間線窗格

　　練習檢視現有動畫。完成練習後，將能夠移動定點軌跡並使用濾器識別定點。此練習可加強以下技能：

* 時間線窗格

* 在時間線窗格中移動

* 濾器

　　開啟 Lesson09\Exercises\Digital_Mockup.smg。填寫下列事件發生的具體時間點。第一列已經寫好，注意事件並不是按時間順序排列的。

事件		時間
動畫結束		44.6 秒
	黑色箭頭（Arrow 9）第一次出現。	
	螢幕上第一次出現 X（挑戰題：當 X 出現在螢幕上時，識別改變的屬性）。	
 Missing part	Missing Part 註解（Text Circle1）完全消失的時刻。	
	穿過輸送帶的第一個面板（Panel_Left）第一次暫停。您也許需要清除**攝影機播放模式** ➡️，以放大組合件來清楚地看到角色的動作。	

	事件	時間
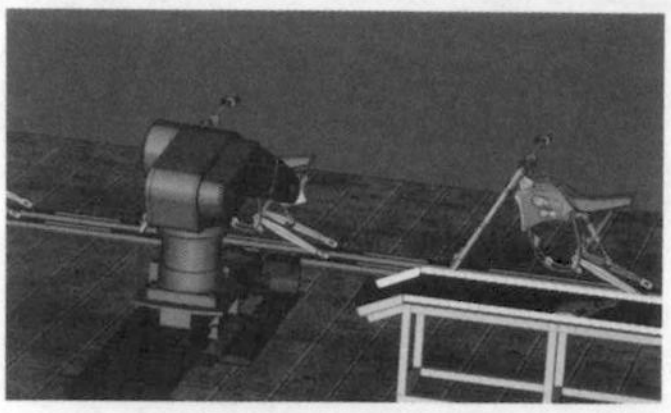	將攝影機的方位調整到對準機器人手臂的地方。	
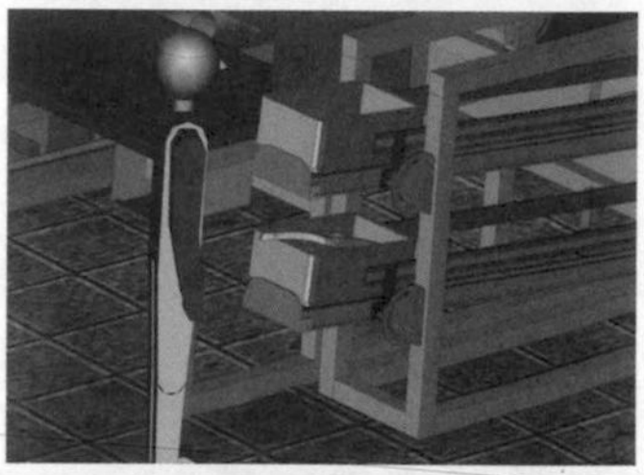	盒子裝載「壞掉」的面板並開始移動。	
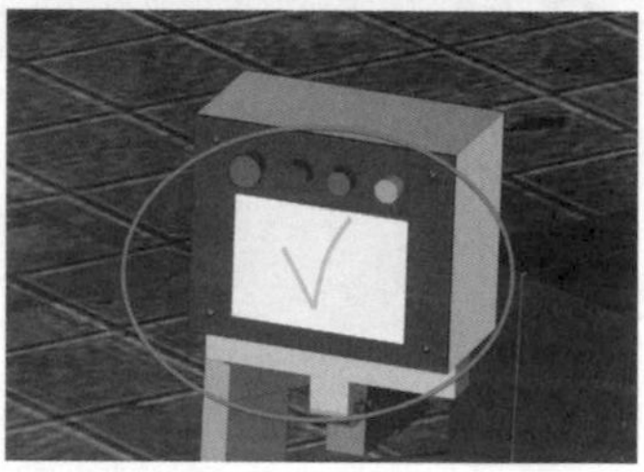	監視器上的綠色按鈕第二次亮起（挑戰題：當按鈕亮起時，識別屬性的改變）。	

練習 9-2 動畫收合順序

練習將視圖拖拉至時間線中，並進行必要的改進。完成練習後，將能夠改進動畫以顯示組合件說明的正確順序。此練習可加強以下技能：

- 動畫視圖
- 改善收合順序
- Digger 定點

開啟 Lesson09\Exercises\motor01.smg。請按照下表中的說明進行操作：

步驟	動作
1	將視圖 Step10a 放在 21 秒處。 將視圖 Step10b 放在 22 秒處。 收合 washer 從 21 秒到 21.5 秒。 收合 spark plug 從 21.5 秒至 22 秒。
2	將視圖 Step11a 放在 23 秒處。 將視圖 Step11b 放在 25 秒處。 收合 bottom gasket 從 23 秒到 23.5 秒。 收合 bottom bolt 從 24 秒到 25 秒。
3	將視圖 Step12a 放在 26 秒處。 將視圖 Step12b 放在 28 秒處。 收合 side gasket 從 26 秒到 26.5 秒。 收合 side cover 從 26.5 秒到 27 秒。 收合 side bolt 角色從 27 秒到 27.5 秒。

步驟	動作
4	對 Digger 進行動畫處理,以顯示 side gasket 和 cover 的孔對齊。 在 26 秒處產生一個完整大小的 Digger。Digger 應保持該大小直到 27.8 秒。 在 25.8 秒處產生一個小尺寸的 Digger 來模擬淡入效果。 在 28 秒處產生一個小尺寸的 Digger 來模擬淡出效果。 在 28 秒後的下一定點中隱藏 Digger。

練習 9-3 事件

練習新增事件以控制動畫的播放。此練習可加強以下技能:

- 事件

- 協同角色的動畫

提示　請記住,動畫僅在事件的脈動屬性更改時停止。

開啟 Lesson09\Exercises\motor02.smg。

步驟	動作
1	在標記 Step10a 處,新增一個標記為 Spark Plug 的 2D 文字角色,其中包含播放下一個動畫順序的事件。
2	在標記 Step10b、Step11a、Step11b、Step12a 和 Step12b 處,修改按鈕以播放正確的標記順序。
3	在標記 Step11a 處,將按鈕重新命名為 Bottom Cover。在標記 Step12a 處,將按鈕重新命名為 Side Cover。
4	將按鈕隱藏在 Step10a 之前定點和 Step12b 之後定點中。

下一個按鈕角色可用來播放下一個動畫順序,但因為兩個原因,故在本練習中使用了不同的方法操作:您可以新增事件到其他類型的角色中,並可接觸到**playmarkersequence**事件類型。

NOTE

產生演練動畫

 順利完成本章課程後，您將學會：

- 產生攝影機定點

- 透過網格以控制角色的位置

- 發佈 3D AVI 檔案

- 將攝影機安裝到移動的物體上

10.1 概述

　　本章將產生一個演練動畫，動畫會圍繞著鞦韆、爬樓梯再穿過管子滑下溜滑梯。要做到這一點，需要透過各種方法新增攝影機定點來控制動畫。

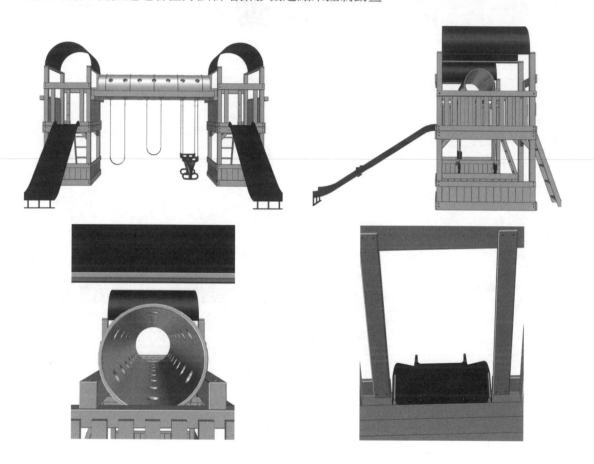

10.2 攝影機定點

　　您可以設定攝影機定點來控制組合件在動畫中的方向和縮放比例。您也可以手動設定攝影機定點：從**視圖**頁籤中拖曳視圖到時間線；或透過設定攝影機位置和目標來產生攝影機定點。若您正在產生組合件的爆炸動畫，那麼最好在完成爆炸順序後新增攝影機定點，以確保您可看到所有幾何角色。

STEP 1 開啟檔案

開啟 Lesson10\Case Study\Swingset_Walkthrough.smg。

STEP 2 播放動畫

確認在視窗左上角看到的是**動畫模式** 🎬，點選時間線工具列上的**播放** ▶，以觀察現有
動畫。演練動畫已經開始，但需要新增攝影機定點才能完成動畫。

STEP 3 重新定位組合件

將時間列移至 0 秒處，點選座標系統的 **Z 軸**，然後在視窗背景上按滑鼠兩下，並且縮
放至合適大小。

STEP 4 設定攝影機定點

點選在時間線工具列上的**設定攝影機定點** 📷，在播放過程中，您將可在 0 秒處看到鞦
韆的前面。

> **提示**　現有的自動定點模式可設定攝影機定點，縮放和旋轉模型時都會設訂一個定
> 點。例如，如果想放大選擇的對象，應用程式會為該攝影機視圖的更改而新增
> 攝影機定點。如果使用了自動定點模式，您最終會得到比預期更多的攝影機定
> 點。除非您很熟練或者有充分理由，否則建議最好不要使用此模式。

STEP 5 設定另一個攝影機定點

將時間列移動到 2 秒處，點選座標系統的 **X 軸**，再點選時間線工具列上的**設定攝影機
定點** 📷，在播放過程中，您將可在 2 秒處看到鞦韆的右邊。

STEP 6 設定另一個攝影機定點

將時間列移動到 4 秒處，點選座標系統的 **Z 軸**兩次以顯示背面，然後在視窗背景上按
滑鼠兩下，並縮放至合適大小。點選時間線工具列上的**設定攝影機定點** 📷。

STEP▶ **7** 播放動畫

先確認在時間線窗格中選擇了**攝影機播放模式** ◀，從頭開始播放動畫：

- 從 0 秒到 4 秒，觀察者繞著鞦韆「行走」。

- 從 4 秒到 10 秒，觀察者沿著梯子往上「行走」。

- 從 10 秒到 16 秒，觀察者會從一個塔移到另一個塔，我們必須增強這部分的動畫。

- 從 16 秒到 22 秒，觀察者從溜滑梯滑下，然後看著整個鞦韆。

STEP▶ **8** 關閉攝影機播放模式

關閉**攝影機播放模式** ◀，以便您可以縮放和旋轉去進行接下來的步驟。

STEP▶ **9** 儲存檔案

10.3 網格

您可以新增網格去應用捕捉或曲線檢測的功能，也可以在一個零組件上或某個自訂位置新增一個網格。如果是在一個零組件新增網格，使用者需要指定角色；如果是在某個自訂位置新增網格，則需要指定頂點或軸來定義網格的位置。透過屬性頁籤可以控制任何網格的位置和方向，如果想不受網格的約束而自由移動指針，可以透過狀態列上的**網格模式** ⊞ 進行切換，鞦韆下方的網格只用於圖形目的，它是整個地面效果的一部份。

STEP▶ **10** 產生網格

將時間列移動到 12 秒處。點選**作者→工具→網格→在幾何上產生網格** 囲，於零件上選擇 Tube 角色來放置網格。

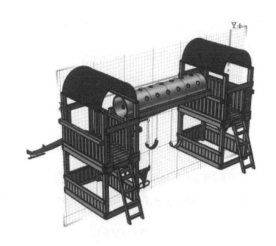

STEP **11** 旋轉並調整網格的大小

選擇網格，在屬性頁籤內的**旋轉 / 繞 Y 軸**中輸入 **90**。拖曳網格的角落使其比組合件稍微大一些。

本章的下段內容，我們會透過設定攝影機位置與目標來新增攝影機定點，藉由點選網格去設定攝影機的位置與目標，我們要確認攝影機是沿著直線路徑移動。

STEP **12** 新增攝影機定點

將時間列保持在 12 秒處，點選**動畫→路徑→產生攝影機定點** ，點選網格的 **X=2500** 和 **Y=0** 處以設定攝影機位置，您或許需要放大，然後按下 **Tab** 鍵來暫時隱藏幾何角色以便點選網格。點選網格 **X=-3000** 和 **Y=0** 處來設定攝影機的目標。

STEP **13** 新增另一個攝影機定點

將時間列移動至 14 秒處。點選 **X=-2000** 和 **Y=0** 處的網格，以設定攝影機位置。點選 **X=-3000** 和 **Y=0** 處的網格，以設定攝影機的目標。按 **Esc** 鍵關閉工具。

STEP **14** 隱藏網格

選擇網格，然後按下 **h** 來隱藏角色。

STEP **15** 播放動畫

開啟**攝影機播放模式** ，從頭開始播放動畫，現在注意從 10 秒到 16 秒，觀察者穿越了 Tube「行走」。

提示 您可以更改**攝影機**的路徑。在**協同作業**樹狀結構中選擇攝影機，並且在屬性頁籤中修改**軌跡球**和**路徑**屬性，任何改變都會影響從 0 秒到動畫結束的整部動畫。

現在可以發佈一個 AVI 檔案，並在電腦上的預設媒體播放器中查看視訊。應用程式產生的是整個視窗的 AVI 檔案，並不僅限於紙張空間的大小。

STEP 16 產生 3D 輸出

- 取消狀態列中的**顯示 / 隱藏紙張** 🔲。

- 點選**工場→發佈→視訊** ▦，在本章中，我們保留所有預設設定。但你可以更改解析度、時間範圍或使用邊線平滑化效果。

- 點選將**視訊另存為**。

- **檔名**輸入 Walkthrough 後**儲存**。

- **另存類型**為 AVI。在**視訊壓縮**對話方塊中，選擇**壓縮**或不壓縮檔案，按一下 **OK**。**Microsoft Video 1** 運行良好且可適用於大多數電腦。

  該應用程式將建立 AVI 檔案，並可在電腦上的預設媒體播放器中播放。

STEP 17 儲存並關閉檔案

10.4 其他的攝影機功能

SOLIDWORKS Composer 允許您產生多個攝影機角色，透過更改視窗中的攝影機屬性，您可以在同一個動畫裡於不同時間點切換到不同的攝影機，如果您有多個視窗窗格，每個窗格可以啟用不同的攝影機。

另外，您可以將攝影機及其目標點附加到角色上，產生附件可讓攝影機隨著其附加的角色移動或是偵測追蹤動作。例如，您可以產生一個動畫，內容是跟隨雲霄飛車上移動中的車廂，或是當它正在雲霄飛車軌道上面行進時「將您放進移動車廂的座位裡」，預定的附加物件模式如下表所示：

模式	行為
並列飛入模式	將攝影機目標附加到所選角色上，攝影機會在固定的距離上，跟隨附加的角色。
目標模式	將攝影機目標附加到所選角色上，攝影機會保持靜止，而不是跟隨附加角色的動作。
並列移動模式	將攝影機中心和目標附加到所選角色上，攝影機與附加的角色同步移動。

技巧

使用這三種模式中的任何一種，都會清除當前視窗區域的所有動畫定點，並根據需要設定適合的攝影機屬性。因此，最好的做法是產生新攝影機，然後將攝影機附加到運動中的物件上。

在以下過程中，我們將測試另一種產生鞦韆組演練動畫的方法，亦即移動一個簡單的立方體來穿過鞦韆。我們也會用其中一種攝影機附件模式，來跟隨立方體的運動。

STEP 1　開啟檔案

開啟 Lesson10\Case Study\Swingset_Walkthrough2.smg。

STEP 2　觀看立方體的運動

關閉**攝影機播放模式** ，在組合件面板中選擇 Primitivel，從頭開始播放動畫，注意觀察立方體是如何從 6 秒左右開始移動的。立方體沿著梯子向，穿過管子，並從溜滑梯上滑下。我們將為此立方體附加攝影機，以產生演練動畫。

STEP 3　定點攝影機

開啟**攝影機播放模式** ，將時間列移動到 6 秒之前的定點。在該定點上有一個攝影機定點，它在開始移動之前直接注視著圖元。

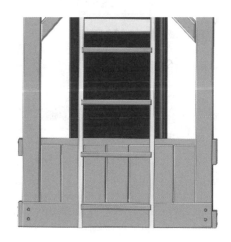

STEP 4　產生攝影機

將時間列移動至 6 秒處，點選**首頁→導覽→附加攝影機** →**增加攝影機** ，在屬性頁籤的名稱屬性上輸入 MoveWith，以重新命名攝影機。

STEP 5　將攝影機分配到視窗

點選視窗空白處，在屬性頁籤中的攝影機屬性上選擇 MoveWith。自動定點會記錄此視窗的屬性更改。從 6 秒開始，動畫將使用 MoveWith 攝影機。

> 🌀 **注意**　確保按照所想要的方式設定初始攝影機方向。新的攝影機角色是在目前視窗攝影機位置產生的。

> **STEP 6** 連結攝影機

選擇立方體 Primitive1，點選**首頁→導覽→附加攝影機** ⊷ →「**並列移動**」模式（剛性附加檔案） ▣ 。

> **STEP 7** 播放動畫

從頭開始播放動畫，隨著對象在整個動畫過程中移動時，攝影機保持附加到立方體。注意攝影機的位置及其目標相對於立方體都不會改變，因為我們選擇了並列移動的連接模式。

直到 18 秒前動畫看起來都很棒，而從 18 秒到 20 秒，攝影機顯示溜滑梯的下側。為了要修復此錯誤，將在 18 秒和 20 秒間隔內移動並旋轉立方體，因為攝影機是附加在立方體上，我們不需設定新的攝影機定點來改變動畫。

> **STEP 8** 平移圖元

關閉**攝影機播放模式** ▥ 。將時間列移動到 18 秒。點選**轉換→移動→平移** ⊡→ 。點選座標軸系統的綠色箭頭，在屬性頁籤中輸入 -125，再按 Enter。

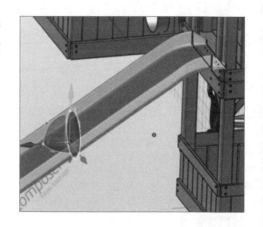

> **STEP 9** 旋轉圖元

點選**轉換→移動→旋轉** ↻ ，按一下指示圓弧，在屬性頁籤中輸入 25°，並按 Enter 鍵，如圖 10-6。

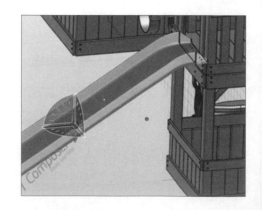

STEP 10 再次旋轉圖元

將時間列移至 20 秒處。使用溜滑梯底部的圖元，像上一步驟一樣將目標物旋轉 25°。
我們想使用圖元來驅動攝影機的動作，但我們不想看到藍色立方體穿過鞦韆。因此，我們
必須隱藏圖元。

STEP 11 隱藏圖元

將時間列移至 0 秒處。選擇圖元，並在屬性頁籤的**不透明度**中輸入 1。

STEP 12 播放動畫

開啟**攝影機播放模式** ，從頭開始播放動畫。

STEP 13 儲存並關閉檔案

練習 10-1 攝影機定點 1

練習增強動畫。完成練習後,將能夠在動畫中操控攝影機視圖的方位。此練習可加強以下技能:

- 一般過程

- 攝影機定點

開啟 Lesson10\Exercises\jig saw.smg。

技巧

- 在開始時間之前,不允許更改攝影機視圖的方向。
- 動作列中的圖片顯示了結束時間的模型

步驟	開始	結束	動作
1	0	2	保持原始方向
2	2	3	旋轉至此方向
3	7	8	旋轉並且放大至此方向
4	13	18	旋轉並放大至原始方向

練習 10-2 攝影機定點 2

練習加入攝影機定點來增強動畫效果。這是前一章使用的大部分攝影機定點被刪除的輸送帶動畫。此練習可加強以下技能：

* 攝影機定點

* 網格

* 附加攝影機功能

  開啟 Lesson10\Exercises\Digital_Mockup.smg。

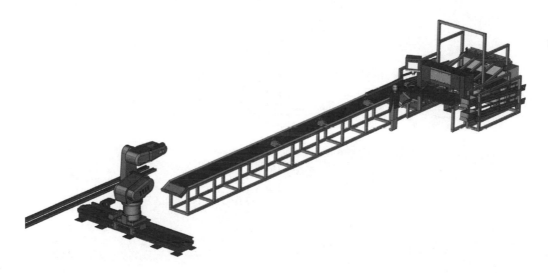

在動畫中增加攝影機定點以放大您關注的區域，要確認包括以下內容：

* 人體模型檢視面板的特寫。

* 人體模型移動壞掉的面板的特寫。

* 從人體模型轉化成為可以沿著輸送帶行走的機器，試著附加可以沿著輸送帶移動的攝影機到其中一個面板上，以便完成任務，使用多個攝影機來簡化任務。

* 機器人組裝面板的特寫。

  增加任何其他攝影機定點，使觀眾增強對此動畫的理解。

NOTE

將特殊效果
新增到動畫

順利完成本章課程後,您將學會:

- 產生一個動畫來顯示角色的爆炸和收合

- 使用動畫資料庫工場新增特殊效果

- 使用組合件選擇模式對次組合件製作動畫

11.1 概述

本章將產生爆炸與收合順序，並使用時間線工具列和動畫資料庫工場的特效來增強動畫效果，如下圖所示。

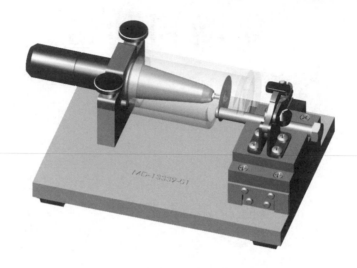

11.2 動畫資料庫工場

動畫資料庫工場讓您可以使用預先定義的通用動畫資料庫快速產生簡單的動畫。您可在時間線上擷取從動畫資料庫工場中產生的動畫。該資料庫包含強調顯示和動作角色的動畫。

11.3 動畫特殊效果

時間線工具列中提供了多種特殊效果。這些特殊效果可讓您快速隱藏、顯示或強調顯示角色。這些效果包括：

- **淡出**。新增兩個定點。一個定點在時間列之前約 0.3 秒出現，並維持目前的不透明度。另一個定點出現在時間列上，並使不透明度變為 0%。

- **淡入**。新增兩個定點。一個定點在時間列之前約 0.3 秒出現，並維持目前的不透明度。另一個定點出現在時間列上，並使不透明度達到 100%。

- **熱點**。新增三個定點。一個定點在時間列之前約 0.2 秒出現，另一個在時間列之後約 0.2 秒出現，這些定點維持目前的放射度。第三個定點出現在時間列上，並使放射度達到 100%。

- **以起始屬性設定定點**。顯示所有具有預設屬性和中立位置的幾何角色。

STEP 1 開啟檔案

開啟 Lesson11\Case Study\Cutter.smg。除了幾個攝影機定點外，定點軌跡為空。

STEP 2 設定鬆螺釘動畫

點選**工場→發佈→動畫資料庫**。

在工場中：

- 將**群組**設定為 **Motion**。

- 將**動畫**設定為 **unscrew**。

- 於 **ROTATE** 點選**軸**按鈕，然後按住 **Alt** 並選擇如圖所示的圓柱面。

- 重複於 **TRANSLATE** 點選**軸**按鈕。

- 於 **ROTATE →角度**中輸入 **-360**，用以反轉旋轉方向。

- 於 **TRANSLATE →軸（X, Y, Z）**中輸入 **1**，用以使 Y 軸反轉平移方向。

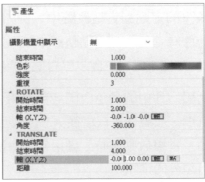

STEP 3 移除螺釘

將時間列移至 1 秒處。選擇固定夾的四個圓頭十字螺釘。在工場中點選**產生** ，應用程式會產生一個動畫順序，使螺釘 1 秒閃爍 3 次、1 秒旋轉，然後 3 秒平移。螺釘同時旋轉和平移。

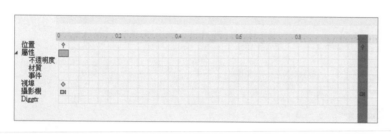

STEP 4 隱藏螺釘

將時間列移至 6 秒處。選擇四個圓頭十字螺釘。點選時間線工具列上的**效果→淡出** 。

11.4 動畫中的組合件選擇模式

在第 6 章中，學習了組合件選擇模式，這在選擇材料明細表的次組合件時非常有用。本章我們將學習在動畫中的組合件選擇模式。

動畫中的組合件選擇模式有以下優點：

- 新增較少的定點到定點軌跡中。例如，在組合件選擇模式下變換一個包含 10 個角色的組合件時，只會在定點軌跡中新增一個定點。但若在零件模式下，則會在定點軌跡中新增 10 個定點，一個定點對應一個角色。使用較少的定點可提高效能並簡化編輯。

- 新增到組合件中的角色會隨著整個組合件的動畫而移動。例如，使用組合件選擇模式選擇汽車，並製作了汽車從 A 點移動到 B 點的動畫，並在汽車組合件中增加備用輪胎等物品。當播放動畫時，備用輪胎會隨汽車組合件一起移動，不需要再為備用輪胎增加任何額外的定點。

- 可以將次組合件和零件動作結合來產生複合動作。例如，當螺釘轉動時，次組合件可以從 A 點移動到 B 點。

提示　由於有動畫資料庫工場的關係，因此通常不需要上述的最後一個優點。

STEP 5 設定固定夾次組合件的起始位置

將時間列移至 7 秒處。點選**組合件**頁籤上方的**組合件選擇模式** ，並於固定夾次組合件中選取任一角色。點選時間線工具列上的**設定位置定點** ，可在 7 秒處記錄組合件的目前位置。

STEP 6 設定固定夾次組合件的最終位置

確保固定夾次組合件仍處於選中狀態。將時間列移至 8 秒處。點選**轉換→移動→平移** ，將次組合件向上拖曳。

STEP 7 檢查次組合件的定點

關閉**組合件選擇模式** 。選擇固定夾次組合件中的任一獨立角色，點選時間線工具列上的**僅顯示所選角色的定點** ，注意此角色在 7 秒或 8 秒時沒有位置定點。記住組合件選擇模式的好處是它可以為整個組合件設定定點，而不是為單個零件設定定點。減少了定點的數量，並使整個次組合件更容易作為一個整體移動。

STEP 8 關閉濾器

取消選取**僅顯示所選角色的定點** 。

STEP 9 複製所選的定點

在定點周圍拖出一個窗口，時間從 5.5 秒到 8 秒不等。按住 Ctrl 鍵並拖拉黑條將這些定點複製到 9 秒處。

STEP 10 翻轉並縮放所選的定點

在複製的定點仍處於選中的狀態下，於選擇區域按滑鼠右鍵並點選**互補時間選擇** ，必要時，可移動黑條，將翻轉順序的第一個定點放在 9 秒處。從 5.5 秒開始播放動畫，以觀看螺釘消失、次組合件爆炸和收合，然後螺釘重新出現。

STEP 11 設定螺釘動畫

點選**工場→發佈→動畫資料庫** 。在工場中：

- 將**群組**設定為 **Motion**。

- 將**動畫**設定為 **screw**。

- 將 **FLASH →重複**設定為 **0**，不需要鎖緊螺釘。

- 將 **TRANSLATE →開始時間**設定為 **0** 秒。不需要延遲動作。

- 於 **ROTATE** 點選**軸**按鈕，然後按住 **Alt** 並選擇其中一個螺釘的圓柱面。

屬性	
攝影機置中顯示	無
FLASH	
開始時間	0.000
結束時間	1.000
色彩	
強度	0.000
重複	0
TRANSLATE	
開始時間	0
結束時間	4.000
軸 (X,Y,Z)	-0.3 -0.9 0.05 軸 點
距離	100.000
ROTATE	
開始時間	3.000
結束時間	4.000
軸 (X,Y,Z)	0.00 0.00 1.00 軸
角度	360

- 重複於 **TRANSLATE** 點選**軸**按鈕。

- 於 **ROTATE →角度**中輸入 **360**，用以反轉旋轉方向。

STEP 12 放回螺釘

將時間列移至 12 秒處。選擇固定夾中的四個圓頭十字螺釘，在工場中點選**產生** 。

STEP 13 將動畫資料庫轉換為階段

選擇在 STEP 12 中產生的 **Screw 動畫資料庫**元件。在該元件上按滑鼠右鍵，然後點選**轉換→轉換所選階段**，則動畫資料庫元件即轉換為可編輯的時間階段。

11.5 方案

方案是可以將完整或部分動畫另存為 **.smgSce** 格式的獨立檔案。方案檔案是可以使用任何文字編輯器編輯的 XML 檔案。完整動畫是指在時間線中全部的定點組。部分動畫是指所選角色的一組定點。

為了使方案起作用，角色的識別符號（稱為 NetGuid）必須相符。例如，安裝支架的 NetGuid 是 ACLAMP SUBASSY.PMount_bracket。A 代表組合件，P 代表零件。要查看角色的 NetGuid，請點選**檔案→喜好設定→進階設定→ ShowDebugPropertiesInPropertiesPane**。

> **技巧**
>
> 若要使用部分方案，您必須開啟一個產品（**.smgXml**）或專案（**.smgProj**）。您不能在 **.smg** 檔案開啟的情況下使用部分方案。

本章我們將目前動畫另存為方案，並加載一個單純使用不同攝影機視圖的動畫。

STEP 14 儲存動畫

點選**動畫→方案→儲存根** 📄，檔名輸入 ExplodeCollapse 後**儲存**。

STEP 15 加載新動畫

點選**動畫→方案→載入根** 📂，開啟 Lesson11\Case Study\Camera.smgsce。以這種方式加載新方案時，會將所有現有定點替換為已加載方案中的定點。

STEP 16 播放動畫

從頭開始播放動畫，攝影機在整個動畫過程中都會發生變化，並且任何角色都不會爆炸、收合或隱藏。

STEP 17 儲存與關閉檔案

練習 11-1 製作角色與 Digger 動畫

練習產生服務動畫。完成練習後,將能夠透過改變角色的位置並使用 Digger 產生動畫。此練習可加強以下技能:

- 動畫資料庫工場

- Digger 定點

- 動畫特殊效果

- 動畫中的組合件選擇模式

開啟 Lesson11\Exercises\seascooter.smg。

步驟	開始	結束	動作
1	1	2	開啟一個閂扣。如圖所示,左圖為 1 秒時的狀態,右圖為 2 秒時的狀態。 提示:對閂扣使用組合件選擇模式。因為您是要移動整個組合件,而不是單獨的角色。 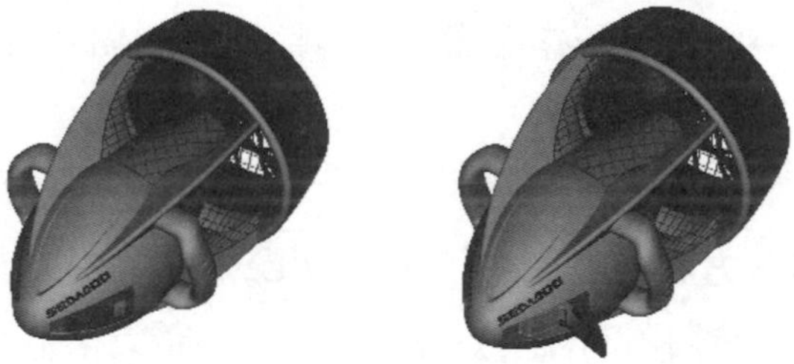
2	3	4	旋轉組合件並開啟另一側的閂扣。如圖所示,左圖為 3 秒時的狀態,右圖為 4 秒時的狀態。 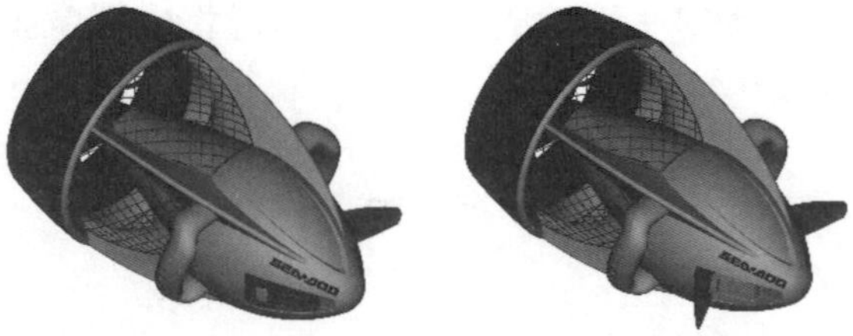

步驟	開始	結束	動作
3	5	10	旋轉並使用動畫資料庫工場中的特殊效果隱藏鼻翼。如圖所示，左圖為 5 秒時的狀態，右圖為 10 秒時的狀態（此時鼻翼隱藏了）。 提示：請確保正確設定座標軸（X, Y, Z），以便使鼻翼遠離組合件的其餘部分。您可能需要反覆試驗和返回，才能正確地設定座標軸。 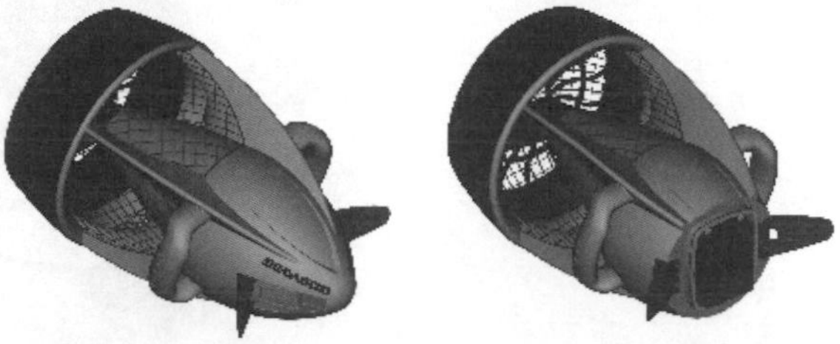
4	11	12	移動電池。如圖所示，左圖為 11 秒時的狀態，右圖為 12 秒時的狀態。 
5	13		對於步驟 5 到步驟 10，在開始欄中指定的時間處加入 Digger 定點，以控制 Digger 的外觀。如圖所示，Digger 很小，指向左側終端。 
6	13.5		如圖所示，Digger 變大，指向左側終端。 

步驟	開始	結束	動作
7	14		不更改 Digger。維持目前外觀。
8	15		如圖所示，Digger 維持相同的大小，此時指向右側終端。 
9	15.5		如圖所示，Digger 變小，指向右側終端。 
10	16		Digger 消失。
11	17	24	將所有物件重新組合在一起。 • 確保所有物件按順序移動：電池、鼻翼、左閂扣、右閂扣。 • 使用淡入效果來顯示鼻翼。 • 複製、貼上和反轉開啟閂扣的定點，可以輕鬆關閉閂扣。

練習 11-2 動畫資料庫工場

練習產生爆炸和收合動畫。使用動畫資料庫工場來卸下和連接將組件固定到框架的螺釘。此練習可加強以下技能：

- 動畫資料庫工場

- 在定點軌跡中選擇

  開啟 Lesson11\Exercises\Overturning Mechanism.smg。

操作步驟

STEP 1 查看視圖

開啟 Explode 視圖。當角色在動畫中完全爆炸時，組合件的外觀應該如下圖所示。

STEP 2　產生動畫

執行以下步驟，為組合件設定動畫。

時間	動作
1-5	鬆開左側的四顆機器螺釘，使用動畫資料庫工場，確保設定正確的旋轉軸和平移軸。務必要設定平移距離，以便機器螺釘離安裝支架足夠遠。
6-7	平移馬達。
8-12	鬆開右側的四顆六角螺釘，與前面一樣，請確保設定正確的軸和距離。

時間	動作
13-15	爆炸兩個軸承和軸。您可以一次爆炸一個，或者使用轉換→爆炸→線性→逐步線性爆炸，先選擇要爆炸的角色和一個錨點，然後點選逐步線性爆炸以爆炸角色。 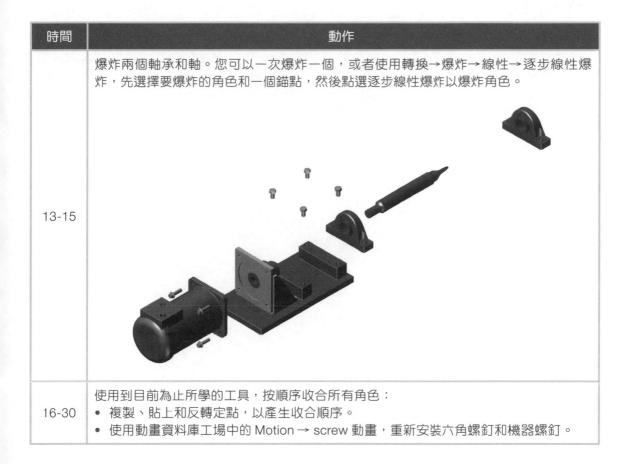
16-30	使用到目前為止所學的工具，按順序收合所有角色： • 複製、貼上和反轉定點，以產生收合順序。 • 使用動畫資料庫工場中的 Motion → screw 動畫，重新安裝六角螺釘和機器螺釘。

NOTE

更新 SOLIDWORKS Composer 檔案

12

 順利完成本章課程後，您將學會：

- 使用原始 CAD 資料中的更改來更新 SOLIDWORKS Composer 檔案

- 用另一個幾何角色替換一個幾何角色

12.1 概述

本章我們將透過 CAD 系統的修改來更新整個 SOLIDWORKS Composer 組合件和幾何角色，之後會將這些更改應用於多個視圖。

 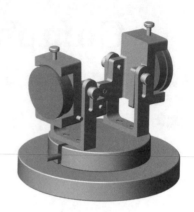

12.2 更新整個組合件

SOLIDWORKS Composer 可將 CAD 的更改合併到您的工作中。當您使用 SOLIDWORKS Composer 產生內容時，您可以很容易地從新建的 3D 檔案中更新角色的幾何圖形，並且可以在修改組合件時新增或刪除角色。此外，您可以更新中繼屬性、組合件樹狀結構或相對其他角色的角色位置。

SOLIDWORKS Composer 中的功能可讓您全面控制何時更新，且對更新的 3D 資料只要求唯讀檔（SOLIDWORKS Composer 原始檔、SOLIDWORKS 組合件或其他支持的 3D 檔案類型）。

12.2.1 更新功能是如何工作的

SOLIDWORKS Composer 在開啟 CAD 檔案時，會為 CAD 檔中的角色和組件產生稱為 NetGuids 的識別符號。零件、次組合件和實體的名稱可以確定這些識別符號。例如，想像您有一個汽車組合件，包含儀表板次組合件、方向盤組件，則該零件的識別符號可能是：ACar.ADashboard-1.PSteering_Wheel-1。

現在想像方向盤是一個包含輪圈（rim）、輪輻（spokes）和輪轂（hub）的多本體零件，如果您將此檔案匯入到 SOLIDWORKS Composer 時，沒有勾選**將檔案合併為每個零件一個全景項目**核取方塊，則該零件的識別符號可能為：ACar.ADashboard-1.ASteering_Wheel-1.PRim，多本體零件將會被當成是產生 NetGuid 時的組合件。

當您的更新是從一個組合件到另一個組合件時，每個零件的 NetGuid 都必須相符，如此 SOLIDWORKS Composer 才能將零件視為已更改；如果 SOLIDWORKS Composer 在更新的組合件中遇到新的 NetGuid，則會將其視為新零件；如果 SOLIDWORKS Composer 在更新的組合件中找不到相符現有的 NetGuid，則會將其視為已刪除的零件，並將其從組合件中移除。

12.2.2 對更新功能的警告

正如您所見到的，使用一致的檔名和 CAD 結構對更新功能是非常重要的。此外，以下還有一些需要考慮的重要事項，將使您的更新過程順利進行。

- 當您在 SOLIDWORKS Composer 中開啟 CAD 檔案時，請在原始和更新的組合件上使用相同的輸入設定。例如，若您在原始組合件中勾選**將檔案合併為每個零件一個全景項目**，但更新組合件卻沒有勾選時，則更新過程將會因 NetGuid 不同而失敗。除非您有理由更改設定，否則每次都將**開啟舊檔**對話方塊中的**輸入設定檔**設定為 **SOLIDWORKS（預設）**。

- 原始 CAD 檔案（組合件、次組合件和零件）的名稱不能更改。如果您取消勾選**將檔案合併為每個零件一個全景項目**，則多本體零件中的本體名稱也無法更改。

- 角色不能在**組合件**頁籤中重新排列。它們不能被拖放到不同的次組合件中，也不能加入到新的組合件群組，更新功能會試著再產生原始的 CAD 結構。記得在第 11 章：將特殊效果新增到動畫中，我們產生了一個組合件群組來實作複合動作。如果您更新了該組合件，則更新功能將試著再產生原始的 CAD 結構，而打破複合動作的動畫。

- 在開啟舊檔對話方塊中使用**合併至目前文件**選項，則合併到組合件中的角色將在更新過程中被移除。這是因為它們的 NetGuid 並不存在於更新的組合件中，並且被視為舊的、要刪除的零件。記得在第 5 章：產生其他爆炸視圖中，我們將扣環工具合併到組合件中，如果更新了該組合件，則更新功能將刪除扣環工具。

- 使用 Digger、**高解析度影像**工場或**技術圖示**工場所產生的細部放大圖不會更新。您必須手動更新細部放大圖中的內容。

本章我們將使用 CAD 檔案中的更改來更新 Holder。

STEP 1 開啟檔案

開啟 Lesson12\Case Study\Holder_Start.smg。

注意以下幾點：

- 有 4 個視圖和 1 個動畫。動畫爆炸了基板和鏡片。

- 底部的圓形板沒有任何刻痕。

- 基板的顏色是橙色。

STEP 2 開啟另一檔案

開啟 Lesson12\Case Study\Holder_End.smg。

注意以下幾點：

- 底部的圓形板有刻痕和一個孔。

- 已將銷釘插入孔中以防止圓形板旋轉。

- 基板的顏色是紫色。

STEP 3 更新組合件

啟動 Holder_Start.smg，點選**檔案**→**更新**→ **SOLIDWORKS Composer 文件** ，選擇 Holder_End.smg 並點選**更新**。

> 提示　您不必修改**選擇更新檔案**對話方塊中的任何**輸入**或**精細化**設定，因為您正在使用 .smg 檔案進行更新。如果您選擇 SOLIDWORKS 組合件作為更新文件，則必須確保選擇了正確的輸入設定。

STEP **4**　檢視更新過的組合件

在每個視圖上按滑鼠兩下並播放動畫。

注意以下幾點：

* 所有視圖裡的基板都是是紫色的，此角色的屬性已經更新。

* 所有視圖中的圓形板，都有刻痕與孔。

* BENT PIN 角色會出現在 4 個視圖裡的其中 3 個，這是因為在**預設文件屬性**對話方塊中的更新頁面，設定了**視圖全景項目顯示情形定義條件**，因此這根銷釘在 Explode 視圖中是看不到的。

* 因為新的角色沒有 BOM ID，故 BOM1 視圖中的材料明細表並不會列出新的角色。

　接著，我們要用彎曲的銷釘來更新材料明細表。

STEP **5**　檢視 BOM

啟動 BOM1 視圖。注意 BOM 未列出新零件。

STEP **6**　為銷釘增加 BOM ID

　選擇彎曲的銷釘。在 **BOM ID** 屬性中輸入 14，然後按 **Enter**。在表格的上方新增一列。因為 BOM 是依說明排序的。

STEP **7**　用 BOM ID 排序 BOM

　在左窗格的 **BOM** 頁籤中，點選 **BOM ID** 欄標題，用欄位內的數值對表格進行排序。彎曲的銷釘現在出現在表格底部。

STEP **8**　更新視圖

在**視圖**頁籤中選擇 BOM1，並點選**更新視圖** 🖳 。

12.3 更新角色的幾何圖形

到目前為止，我們都是在一步操作中更新整個組合件。SOLIDWORKS Composer 能夠透過兩種方法來更新選定角色的幾何圖形，一種方法是使用新的或更新的 CAD 檔案來改變幾何圖形、增加新角色和刪除舊角色，但此方法不能更新中繼屬性或改變一個角色相對於另一個角色的位置。例如，如果增加了桌腳的長度，桌面的高度並不會增加。要使用此方法應先選擇要更新的角色，再點選**幾何→幾何→更新** 🔁，然後選擇更新的文件。

另一種方法是用組合件中另一個角色的幾何圖形替換組合件中一個角色的幾何圖形，這只有交換幾何圖形而不是屬性。要使用此方法應先選擇要替換的角色，再點選**幾何→幾何→取代** 🔁，然後選擇替換角色。

接下來，我們使用更新的 CAD 檔案來更新鏡頭支架的其中一個支架的幾何圖形。

STEP 9 更新幾何圖形

選擇 MD-9006 角色中的一個，點選**幾何→幾何→更新** 🔁。瀏覽至 Lesson12\Case Study 找到 Support_Updated.smg，按下**更新**。當出現提示兩個零件名稱不同時，按下**是**。這兩個 MD-9006 角色的幾何圖形都被使用狹縫更長的幾何圖形更新了，而因為是複製的，一旦更新了一個就會全部更新。

STEP 10 檢視視圖

啟動 Default 或是 Cover 視圖，注意新的幾何圖形會出現在所有視圖中。

STEP 11 重繪視圖

點選**視圖**頁籤上方的**重新繪製所有視圖** 🍎 以更新縮圖。

STEP 12 儲存並關閉檔案

練習 12-1 從 CAD 檔案更新

練習更新組合件。完成練習後,將可檢視動畫與視圖,並在有需要時進行更新。此練習可加強以下技能:

* 更新整個組合件

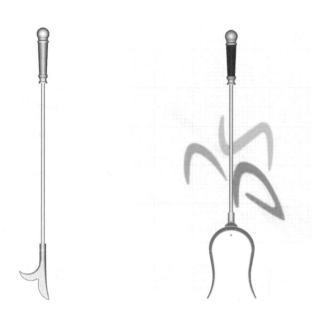

操作步驟

STEP 1 開啟檔案

開啟 Lesson12\Exercises\fireplace_poker.smg。

STEP 2 檢視組合件

顯示視圖,並播放在 fireplace_poker.smg 裡的動畫。

STEP 3 更新組合件

使用 fireplace_poker.smg 來更新組合件,注意以下不同處:

* Shovel-1 取代 Poker-1。

* Bress-Rod-1 變得更短。

* 許多角色目前是灰色,而不是之前的淺黃色,而 Marble Handle-1 變為黑色,而不是之前的灰色。

STEP **4** 檢視動畫

STEP **5** 檢視並更新視圖

更新 Default 和 Exploded 視圖，以顯示 Shovel-1。指定 Shovel-1 的 **BOM ID** 為 6，並在 Explode 視圖裡產生標示。

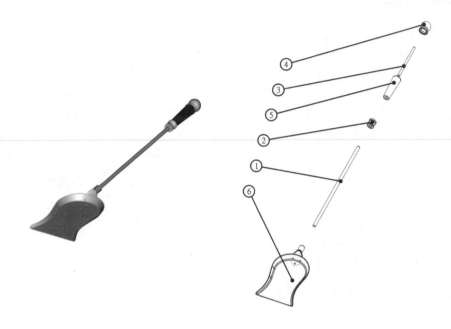

13

使用專案

 順利完成本章課程後，您將學會：

- 從 SMG 檔案輸出產品

- 產生專案

- 輸入和輸出視圖檔案

- 輸入和輸出方案檔案

- 在專案中交換產品檔案

13.1 概述

本章您將使用專案檔案而非 SMG 檔案。一個專案是由一組檔案組成,每個檔案皆各自控制整個 Composer 功能的一個部分,如視圖、幾何圖形和動畫。我們將透過專案進行實驗,以展示如何在專案之間操控或交換幾何、動畫和視圖,以及多個編輯器如何同時處理一個專案。

◆ 什麼是專案?

專案是檔案的分層集合,分層結構的頂部是專案檔案。專案檔案可分為三種不同類型:產品檔案、方案檔案和視圖檔案。

◆ 什麼是產品?

產品檔案包含組合件結構。它們還表示角色的位置和視窗屬性。產品可分為幾何檔案、方案檔案、視圖檔案或其他產品檔案。

◆ 什麼是視圖檔案?

視圖檔案包含專案中的視圖定義。視圖檔案可由專案檔案或產品檔案指向。

◆ 什麼是方案檔案?

方案檔案包含動畫資料。方案檔案可以由專案檔案或產品檔案指向。

◆ 什麼是幾何檔案?

幾何檔案包含有關專案中幾何定義的訊息。幾何檔案必須由產品檔案指向。

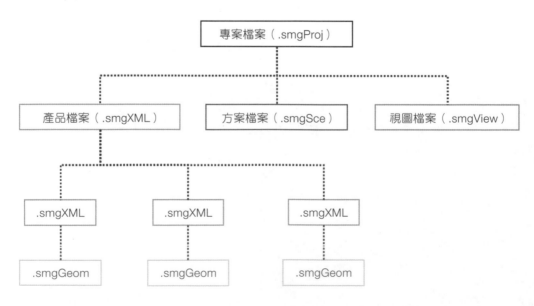

STEP 1 開啟 SOLIDWORKS 組合件（可選）

如果您的電腦上已安裝 SOLIDWORKS，請開啟 Lesson13\Case Study\SOLIDWORKS Files\Toy Arrow Launcher.SLDASM。 該 組合件包括三個次組合件：MainBody、Piston 和 Arrows。

STEP 2 查看模型組態（可選）

MainBody 和 Arrows 次組合件具有不同的模型組態。查看次組合件的可選模型組態。

不儲存即關閉 SOLIDWORKS。

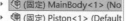

13.2 產品檔案

如前所述,產品檔案是 XML 檔案,可以引用幾何檔案、視圖檔案、方案檔案和其他產品檔案。本章您將產生三個產品和一個專案,然後將產品輸入到專案中。

有幾種方法可以產生產品檔案,最簡單的方法之一是將 SMG 檔案另存為產品檔案。使用此方法,則 SMG 檔案中的所有角色都會被推送到產品檔案中。第二種方法是允許您從選定的角色來產生產品。使用此方法,將從組合件頁籤中選擇一個或多個角色,然後將其輸出到產品檔案中。

本章將使用第一種方法產生產品檔案,並在接下來的練習中使用第二種方法。

STEP 3 開啟 MainBody 檔案

開啟 Lesson13\Case Study\MainBody.smg。

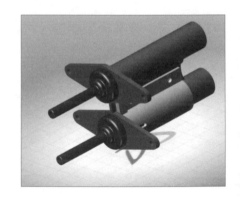

> **提示** 該檔案的產生是將 MainBody.sldasm 檔案輸入到 SOLIDWORKS Composer,然後將其另存為 SMG 檔案類型。

> **注意** 在輸入過程中,SOLIDWORKS Composer 會參考上次儲存的 SOLIDWORKS 檔案的模型組態。

STEP 4 儲存產品

點選**檔案→另存新檔**,瀏覽至 Lesson13\Case Study\Projects\Products。在**另存類型**下,點選 **SOLIDWORKS Composer 產品(smgXml)**後**儲存**。**關閉**文件。

STEP 5 儲存其他產品

按照 STEP 4,從 Arrows.smg 和 Piston.smg 產生產品文件。

STEP 6 產生專案

點選**檔案→新專案**,在**名稱**處輸入 Toy Arrow。在**資料夾**下,瀏覽至 Lesson13\Case Study\Projects,按下**確定**,即出現**加入產品**視窗。

STEP **7** 將產品加入到專案

瀏覽至 Projects\Products，選擇 MainBody 產品，並按下**開啟**。

STEP **8** 修改背景方向

在視窗背景上按一下，於屬性頁籤中的**垂直軸**下點選 **Y+**。

STEP **9** 攝影機視圖

在左窗格的**視圖**頁籤中點選**產生攝影機視圖** ，將該視圖命名為 Camera View。

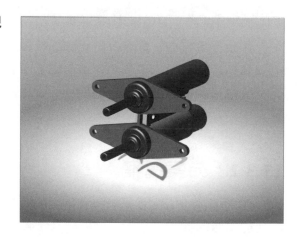

STEP **10** 查看專案檔案

使用 Windows 檔案總管，瀏覽至 Lesson13\Case Study\Project。

注意在專案形成時產生的專案檔案和 Toy Arrow 資料夾。

瀏覽 Toy Arrow 資料夾並檢查其中的產品、視圖和方案檔案。

13.3 | 產品方向

當產品被帶入專案時，產品的座標系統方向將自動與專案座標系統對齊。但若工作流程沒有正確規劃好，這可能會導致零件重疊。本章透過首先引入所有零件來產生 SOLIDWORKS 組合件。然後，在主組合件的上下文中產生次組合件。此外，如果透過輸出特定角色來產生產品，則角色的方向得以保持。

STEP▶ 11 **加入其他產品**

點選左窗格上的**組合件**頁籤，在 Root 上按滑鼠右鍵，展開**產品→加入產品**。

選擇 Arrows 產品並**開啟**，按照相同的步驟輸入 Piston 產品。如有必要，請使用在 STEP 9 中產生的攝影機視圖重新定向。

13.3.1　查看檔案

如前所述，視圖檔案會儲存角色的方向，以及專案中視圖的視窗訊息。您可以產生多個視圖檔案，但一次只能存取一個。

在執行專案時，您可以將視圖從單獨的視圖檔案輸入到當前專案中，也可以將視圖輸出到其他視圖檔案，還能夠在單個專案中允許存取多個視圖檔案來顯示多個過程。例如，您可以產生一個視圖檔案來展示如何更換電池，並有一個單獨的視圖檔案來展示如何組裝產品。

13.3.2　方案檔案

如前所述，方案檔案包含專案內的動畫訊息。一個專案一次只能指向一個方案檔案，所以如果有多個方案檔案，必須根據需要一次帶入一個。

13.3.3　交換專案檔案

在專案內交換檔案的功能，對兩個或多個 SOLIDWORKS Composer 使用者的團隊來說非常棒。例如，當一名團隊成員在產生視圖時，另一名團隊成員可以製作動畫。準備就緒後，團隊可以將視圖檔案和方案檔案帶入同一個專案中。此外，還可以交換產品檔案，並使用已有模型組態的組合件來重新使用視圖和動畫。

要在專案中成功交換檔案，角色的名稱不得更改。例如，如果組合件有兩個模型組態，且第一個模型組態具有名為 Part1 的零組件，若第二個模型組態將其替換為 Part2，則動畫和視圖將無法識別該零件。

STEP **12** 查看檔案

點選左窗格的視圖頁籤，在空白區域按滑鼠右鍵，並點選**輸入視圖**。

瀏覽至 Lesson13\Case Study\Completed Views and Animations，在 Complete Views.smgView 上按滑鼠一下並按**開啟**。

現在視圖頁籤中包含在 STEP 9 中產生的 Camera View，以及三個附加視圖。

STEP **13** 爆炸新視圖

對著現為專案一部分的新視圖進行爆炸。

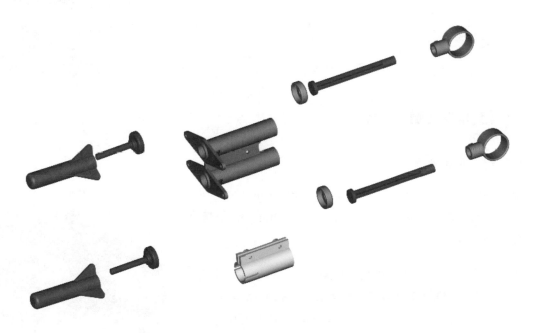

說明	BOM ID	數量		說明	BOM ID	數量		說明	BOM ID	數量		說明	BOM ID	數量
Arrow	1	2		Finger Grip	3	1		Nozzle	2	2		Pull Ring	7	2
End Cap	5	2		Main Body	4	1		Plunger	6	2				

STEP 14 指向新方案檔案

啟動視窗左上角的**動畫模式** ⬚ ，點選**動畫**頁籤，再按**載入根** 📂 。

瀏覽至 Lesson13\CaseStudy\Completed Views and Animations，在 Completed Scenario. smgSce 上按滑鼠一下並**開啟**。

現在在時間軸中可見到關鍵畫格。

STEP 15 播放新動畫

在**時間線**窗格中，取消**循環播放模式** ↻ ，故動畫只會播放一次。然後按下**播放** ▶ 。

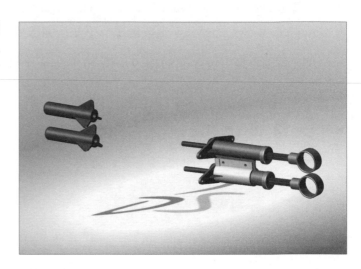

STEP 16 儲存並關閉專案

STEP 17 置換產品

瀏覽至 Lesson13\Case Study\Alternative Configurations\ Main Body Configurtions\Sights Hand Grip.smg。點選**檔案** →**另存新檔**。

瀏覽至 Lesson13\Case Study\Projects\Products，在**另存類型**下，點選 **SOLIDWORKS Composer 產品（smgXml）**，產品名稱輸入 MainBody.smgXml 後儲存。隨即會跳出警告訊息，詢問是否要置換目前的檔案，點選**是**。**關閉**文件。

STEP **18** 使用 **MainBody** 開啟專案

使用新幾何圖形爆炸視圖和動畫。

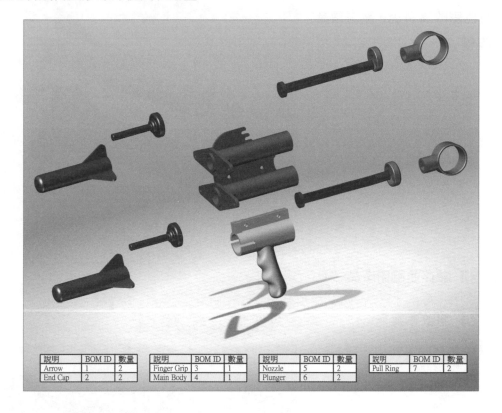

說明	BOM ID	數量		說明	BOM ID	數量		說明	BOM ID	數量		說明	BOM ID	數量
Arrow	1	2		Finger Grip	3	1		Nozzle	5	2		Pull Ring	7	2
End Cap	2	2		Main Body	4	1		Plunger	6	2				

STEP **19** 儲存並關閉專案

STEP **20** 爆炸其他幾何更改（可選）

使用 Lesson13\Case Study\Alternative Configurations 中的檔案，運用 STEP 16 到 STEP 19，使用您想要的幾何圖形製作屬於您的 Toy Arrow shooter。

STEP **21** 直接開啟產品

開啟 Lesson13\Case Study\Projects\Products\Arrows.smgXml。

STEP **22** 直接編輯產品

　　選擇其中一個箭頭，並在屬性
頁籤中將**色彩**改為黃色。點選**設為
中立屬性** 。

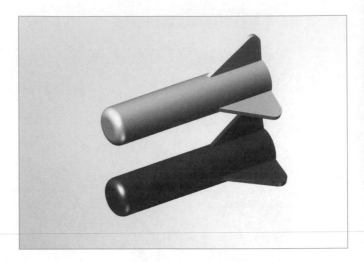

STEP **23** 儲存並關閉產品

STEP **24** 開啟專案

　　注意現在整個專案中的箭頭是
黃色的。

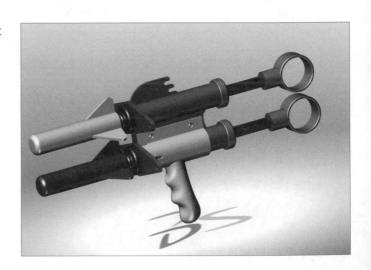

STEP **25** 儲存並關閉檔案

練習 13-1 專案

練習從兩個檔案中輸出產品和視圖來合併兩個 SMG 檔案，然後將相關資料帶入到一個專案中。此練習可加強以下技能：

- 產品檔案

- 產品方向

- 視圖檔案

- 交換專案檔案

開啟 Lesson13\Exercises\uniquebody.smg 和 uniquepiston.smg。

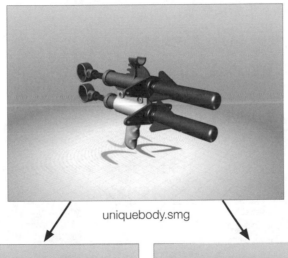

uniquebody.smg

uniquepiston.smg

操作步驟

STEP 1　查看組合件的結構

於這兩個檔案的根目錄下都有三個角色：Arrows、Main Body 和 Piston。

STEP 2　查看視圖

uniquebody.smg 具有一個攝影機視圖；uniquepiston.smg 具有三個視圖。

STEP 3　專案資料夾結構

產生資料夾結構。記住將輸出產品檔案、視圖檔案並產生專案。

STEP 4　從 SMG 檔案中輸出產品

從 uniquebody.smg 輸出 Arrows 和 Main Body。

從 uniquepiston.smg 輸出 Piston。

> 提示　使用按滑鼠右鍵方法來輸出角色組。

STEP **5** 輸出視圖

從兩個 SMG 檔案中輸出所有視圖。

STEP **6** 產生專案

將產品輸入專案。

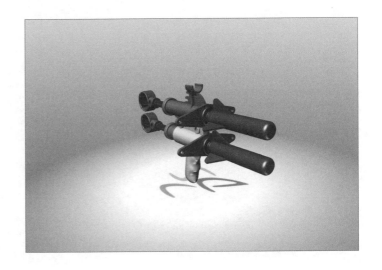

STEP **7** 輸入視圖

新專案中總共應該有四個視圖。

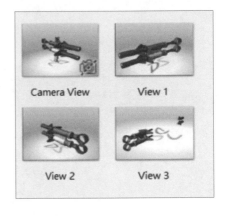

STEP **8** 儲存並關閉檔案

將專案另存為 SMG 檔案。

NOTE

從 SOLIDWORKS
Composer 發佈

14

 順利完成本章課程後，您將學會：

- 準備要發佈的檔案

- 發佈到自訂 PDF 範本

- 新增按鈕來控制 Microsoft PowerPoint 文件

- 發佈到自訂 HTML 範本

- 使用 SVG 檔案產生動態網頁內容

14.1 概述

到目前為止，我們已經介紹了發佈檔案的基礎知識。您可以將圖片和動畫儲存為 JPG 點陣圖、SVG 向量圖和 AVI 動畫。本章我們將學習如何發佈為 PDF、HTML，以及如何在 Microsoft PowerPoint 中發佈。您在查看文件時，可以對 3D 內容進行互動操作，透過自訂範本並加入 ActiveX 程式碼，來控制各種格式的輸出。

14.2 準備可發佈的檔案

在使用 SOLIDWORKS Composer Player 查看分享檔案之前有以下幾點需要考慮：檔案的數量、檔案的安全性，以及在 SOLIDWORKS Composer Player 中的權限。

- **檔案數量**。如果你使用含有 .smgXml、.smgGeom、.smgSce 和 .smgView 檔案的 SOLIDWORKS Composer 產品檔案以及縮圖，那麼你可以將 SOLIDWORKS Composer 產品另存為 .smg 檔，來將所有產品檔案合併至一個檔案中。

- **檔案的安全**。當您發佈 3D 資料時，可以測量其幾何圖形。但是，您可能有不想讓別人測量的專有資料。SOLIDWORKS Composer 就有可防止別人測量檔案的工具。此外，您還可以為檔案設定密碼或到期日期，以增加另一層安全性。

- **SOLIDWORKS Composer Player 中的權限**。當您將檔案發佈為 SOLIDWORKS Composer Player 可查看的檔案時，您可以決定觀眾可擁有哪些權限。例如，您允許他人測量、註解、查看組合件樹狀結構等。

技巧

本節中的步驟是可選的。若無要求，您可以在沒有任何安全性或權限的情況下分享 SOLIDWORKS Composer 產品。您不必執行以下步驟即可發佈到 PDF 和 HTML，並在 Microsoft Word 中發佈。

本章開始我們將準備 SOLIDWORKS Composer 產品以供發佈。

STEP 1　開啟檔案

開啟 Lesson14\Case Study\ACME-245A.smg。

STEP 2　降低所選角色的準確性

- 選擇 ACME-452B 和 ACME-453B。

- 點選**幾何→保護→ Secure 3D 塗刷** 🔒。

- 為**精度**輸入 0.5 以誇大效果,然後按 Enter。

- 按住滑鼠左鍵並將指針拖到選定的角色上。

- 完成後按 **Esc**。

這會扭曲所選角色的幾何圖形,並限制觀眾獲得這些角色的精確測量的能力。

STEP 3　降低整體精度

點選**檔案→另存新檔→ SOLIDWORKS Composer** 💾。

在安全性 🔒 中選擇**降低精確度**,並輸入 0.1,以便對全部角色使用降低精確度。

🌀 **注意**　在指示之前,請不要儲存,我們將會在儲存前做出許多改變。

STEP 4　應用密碼

勾選**密碼**核取方塊,並輸入 training 作為密碼,再次輸入 training 確認密碼。

STEP 5　新增在 SOLIDWORKS Composer Player 中檢視的權限

選擇**另存新檔**對話方塊左下角的**右管理器** 🌐。勾選**註解**核取方塊以允許在 SOLIDWORKS Composer Player 中進行測量。勾選**樹狀結構**核取方塊以能夠在 SOLIDWORKS Composer Player 中檢視組合件樹狀結構。如有需要請用其他選項測試。

STEP 6　儲存檔案以進行發佈

檔名輸入 ACME-245A_Publishing,並確認另存類型為 **SOLIDWORKS Composer**(**.smg**),點選**儲存**。

應用程式產生 ACME-245A_Publishing。所有屬性、幾何圖形、視圖和方案訊息都包含在此單一檔案中。此檔案因為整體精確度降低和密碼設定變得更為安全。此外，該檔案還包含允許檢視者在 SOLIDWORKS Composer Player 中執行更多操作的權限。

STEP 7 關閉檔案

14.3 發佈到 PDF

現在我們從發佈 SOLIDWORKS Composer 3D 內容 PDF 格式開始。我們將發佈到隨 SOLIDWORKS Composer 安裝的 PDF 範本和自訂的 PDF 檔案中。自訂的 PDF 檔案中將包含同一個 SOLIDWORKS Composer 檔案內嵌的兩個不同的動畫。

您可以將 SOLIDWORKS Composer 內容用以下格式發佈到 PDF 中：

- **U3D**。U3D 是 Universal 3D 的縮寫。此格式顯示為 3D 數據。您可以使用縮放、旋轉、隱藏、顯示等來進行互動，U3D 選項可用來控制輸出。

- **SMG（增強內容）**。在內嵌的 SOLIDWORKS Composer Player 中顯示為 SMG 檔案。

- **僅預覽影像**。顯示 2D 影像。

14.3.1 PDF 附加程式

要查看包含 SOLIDWORKS Composer SMG 增強內容的 PDF 檔案，您的 SOLIDWORKS Composer 需要有 Adobe Acrobat 外掛程式。該外掛程式可隨 SOLIDWORKS Composer 或 SOLIDWORKS Composer Player 自動安裝。如果您想與同事分享 PDF，您可以請他們安裝免費的 SOLIDWORKS Composer Player 或提供外掛程式。該外掛程式適用於 Adobe Acrobat 或 Adobe Reader 7 或更高版本。

STEP 1 將外掛程式檔複製到適合的位置

安裝程式會將以下外掛程式安裝到資料夾 <SOLIDWORKS_Composer_install_dir>\Plugins\Acrobat\Reader\Plug_Ins 中：

- composerplayercontrol.dll

- composerplayerreader.api

- SWLoginClientCLR.dll

- swsecwrap.dll

- swsecwrap_libFNP.dll

  若是 Adobe Reader，請將這些檔案複製到 <Reader_install_dir>\plug_ins 資料夾中。

  若是 Adobe Acrobat Pro，請將這些檔案複製到 <Acrobat_install_dir>\plug_ins 資料夾中。

技巧

在 Windows 10 中，SOLIDWORKS 的預設安裝目錄是：C:\Program Files\SOLIDWORKS Corp\SOLIDWORKS Composer。

Adobe Reader 的預設安裝目錄為：C:\Program Files(x86)\Adobe\Acrobat Reader DC\Reader。

Adobe Acrobat Pro 的預設安裝目錄是：C:\Program Files(x86)\Adobe\Acrobat DC\Acrobat。

14.3.2　預設 PDF

預設範本名為 TemplateSMGSW.pdf，位於 <SOLIDWORKS_Composer_install_dir>\pdf 中。預設範本以橫向格式頁面顯示。頁面左側顯示標誌，並列出某些檔案類型的最低要求。此頁面的其餘部分會顯示 SOLIDWORKS Composer 內容。

STEP 2　**開啟檔案**

開啟 Lesson14\Case Study\ACME-245A\ACME-245A.smg。

STEP 3　**發佈為 PDF**

- 點選**檔案**→**發佈** →**PDF** 。

- 取消勾選**使用自訂範本**核取方塊。

- 為**內嵌的 3D 檔案**選擇 **SMG**（**增強內容**）。

- **檔名**輸入 Fence_Default 後按**儲存**。

STEP 4 查看 PDF 檔案

在 Adobe Reader 中開啟 PDF 檔案。點選影像以在 PDF 檔案中啟動 SOLIDWORKS Composer Player。

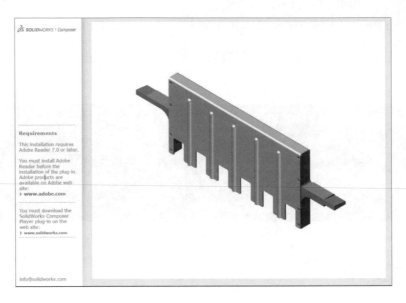

14.3.3 自訂 PDF

或者,可以使用自訂範本,範本可以是任何 PDF 檔案。您可使用 Adobe Acrobat Professional 新增按鈕到 PDF 檔案中,以作為嵌入的 SOLIDWORKS Composer 檔案的預留位置。若無 Acrobat Professional 將無法增加按鈕,請跳到 STEP 9 繼續。

STEP 5 開啟自訂 PDF 檔案

開啟 Lesson14\Case Study\PDF_Custom_Template.pdf。

STEP 6 為 SMG 檔案新增按鈕

點選**工具**,並確保已在**產生和編輯**部分下新增 Rich Media ▤,然後點選**開啟→加入按鈕** ▣。

在 **Explode/Collapse Animation** 標題下拖拉出一個大的矩形區域用以放置按鈕,此按鈕最終會被 SOLIDWORKS Composer 檔案取代。

點選**所有屬性**或在按鈕上按滑鼠左鍵兩下,以開啟**按鈕屬性**對話方塊。在**一般**頁籤中輸入 SeemageReplace 名稱,其大小寫必須準確。點選**關閉**。

STEP 7 加入第二個按鈕

重複上一步驟,在 PDF 檔案中的 Service Procedure 標題下新增一個按鈕,記住,按鈕的名稱必須準確命名為 SeemageReplace。

STEP 8 儲存自訂 PDF 檔案

點選**檔案→儲存**並關閉檔案,此檔案將作為您的初始範本。

STEP 9 發佈為 PDF

* 在 SOLIDWORKS Composer 中,點選**檔案→發佈 →PDF** 。

* 勾選**使用自訂範本**核取方塊,並瀏覽 PDF_Custom_Template.pdf,如果您沒有安裝 Adobe Acrobat Professional,請開啟 PDF_Custom_Template_with Buttons.pdf。

* 在**內嵌的 3D 檔案**中選擇 **SMG(增強內容)**。

* **檔名**輸入 fence_1 後**儲存**。

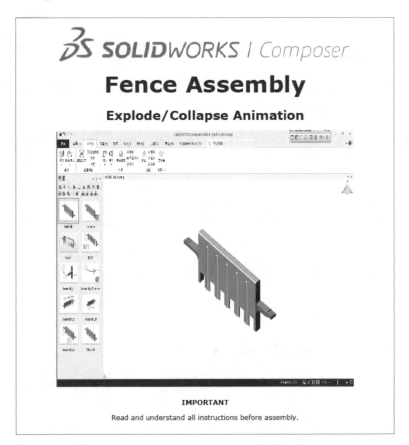

STEP **10** 檢視 PDF檔案

開啟 fence_1.pdf，可發現在 PDF 檔案中，SOLIDWORKS Composer 用當前的 SMG 檔案替換了第一個 SeemageReplace 按鈕。您可以縮放、旋轉、切換視圖和播放動畫。接下來，我們要修改內容以顯示演練動畫，因此我們需載入一個方案。

STEP **11** 載入方案

在 SOLIDWORKS Composer 中，點選**動畫→方案→加載根** 📁。開啟 Lesson14\Case Study\ACME-245A 中的 service.smgsce。售後服務動畫取代了爆炸和收合動畫。

STEP **12** 發佈到 PDF

* 點選**檔案→發佈** 🖵**→PDF** 🗋。

* 勾選**使用自訂範本**核取方塊，並瀏覽 fence_1.pdf。

* 在**內嵌的 3D 檔案**中選擇 **SMG（增強內容）**。

* **檔名**輸入 fence_2 後**儲存**。

STEP **13** 檢視 PDF 檔案

開啟 fence_2.pdf。第 1 頁的 SOLIDWORKS Composer 內容保持不變，新的內容取代了第 2 頁上的按鈕，因為該頁面包含下一個可用的 SeemageReplace 按鈕。請注意第 2 頁的動畫與第 1 頁的動畫是不同的，它包含售後服務動畫，包括這次發佈之前載入的方案。

14.4 在 Microsoft PowerPoint 裡發佈

現在，我們要學習如何將連結或嵌入檔案到 Microsoft PowerPoint 中。Microsoft Word 和 Excel 也是類似的操作步驟。此外，我們還要學習如何在 Microsoft PowerPoint 新增自訂按鈕來控制 SOLIDWORKS Composer 檔案。

14.4.1 嵌入 Microsoft PowerPoint

在以下步驟中，我們要將 SOLIDWORKS Composer 檔案嵌入到 Microsoft PowerPoint 中。

STEP 1 開啟 PowerPoint 檔案

開啟 Lesson14\Case Study\ACME-245A\Start_PowerPoint_Presentation.pptx。

STEP 2 開發人員選項

Microsoft PowerPoint 的開發人員選項並不是預設，在此必須開啟。

點選**檔案→選項→自訂功能區**。確保**開發人員**選項列於右側的列表中（如果它不在右側列表中，則需從左側列表中新增它），請將**開發人員**核取方塊勾選。

點選 OK。

此時應該可見到開發人員頁籤了。

STEP 3 ActiveX

瀏覽到第二張投影片。您將模型的視窗放置在 Widget 245A 標題下。

在**開發人員**頁籤上，點選**控制項→更多控制項** ，隨即出現更多控制項視窗。

勾選 Composer Player ActiveX 並按下**確定**。

STEP **4**　放置視圖

調整 Composer Player ActiveX 控制項的大小，使其在頁面上佔據更多空間。

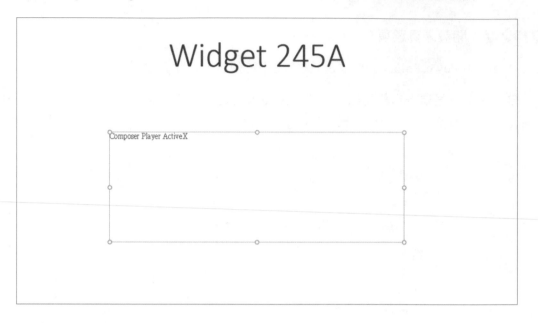

STEP **5**　更新控制項的屬性

點選控制項右鍵並選擇 **Composer Player ActiveX Object 屬性**。

在**一般**頁籤中：

* 開啟 Lesson14\Case Study\ACME-245A.smg。

* 取消勾選 **Pack CATIA Composer 文件**核取方塊，改將 SOLIDWORKS Composer 檔案以連結方式加到 Microsoft PowerPoint 檔中，取代嵌入的方式。

在 **Layout** 頁籤中，取消勾選所有核取方塊，關閉所有的在 ActiveX player 中的工具列後按下確定。

STEP **6**　查看模型

點選投影片放映模式以查看模型。

使用滑鼠**縮放、平移**和**旋轉**功能來操控模型的視圖。

之後點選**標準**模式退出投影片放映模式。

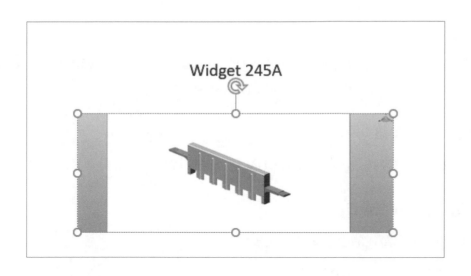

14.4.2 加入自訂按鈕

現在，我們在可顯示特定視圖的文件和工具列中加入自訂按鈕，請將 Composer Player ActiveX 控制項的 API 程式碼加入到每個自訂按鈕，請參閱 SOLIDWORKS Composer 程式設計指南，以便了解更多有關 ActiveX API 的訊息。

STEP 7 放置一個按鈕

在**開發人員**頁籤上，點選**控制項→指令按鈕** □。

將按鈕放在模型上方的左側。

STEP 8　重新命名按鈕

在該按鈕上按滑鼠右鍵並選擇**指令按鈕項目→編輯**，現在可以編輯按鈕上的文字了，請將按鈕命名為 Default（該按鈕將顯示為 Default 視圖）。

STEP 9　其他按鈕

使用 **Ctrl+C** 複製按鈕，並使用 **Ctrl+V** 貼上三個按鈕，水平對齊等距排列按鈕。

STEP 10　重新命名按鈕

使用 STEP 8 中概述的過程來重命名按鈕。

將第二個按鈕命名為 BOM。

將第三個按鈕命名為 Show。

將第四個按鈕命名為 Hide。

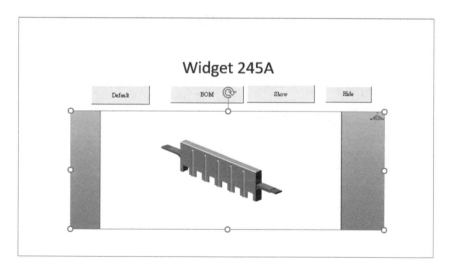

STEP 11　編輯第一個按鈕

在 Default 按鈕上按滑鼠左鍵兩下，開啟 Microsoft Visual Basic 對話方塊，在 Before 和 End Sub 行之間輸入以下指令：

```
DSComposerPlayerActiveX1.GoToConfiguration "Default"
```

輸入完成後，按下儲存並關閉該視窗。

可以在 Lesson14\Case Study\ACME-245A 的 ActiveX_code_for_PowerPoint.txt 中找到此案例使用的程式碼。

STEP 12 測試按鈕

點選**投影片放映**模式以查看模型。

使用滑鼠**縮放、平移和旋轉**功能來操控模型的視圖。

再選擇 **Default** 按鈕,模型會返回到 Default 視圖。

之後點選**標準**模式退出投影片放映模式。

STEP 13 編輯其他按鈕

重複 STEP 11,繼續對其他三個按鈕進行程式編寫。使用下表中的程式碼:

按鈕	程式碼
BOM	DSComposerPlayerActiveX1.GoToConfiguration "BOM"
Show	DSComposerPlayerActiveX1.ShowStandardToolBar = True
Hide	DSComposerPlayerActiveX1.ShowStandardToolBar = False

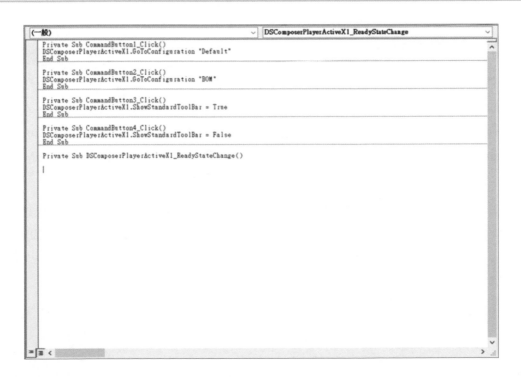

STEP 14 測試所有按鈕

點選投影片放映模式以查看模型。

使用滑鼠**縮放**、**平移**和**旋轉**功能來操控模型的視圖。

使用所有按鈕查看它們如何影響模型。

STEP 15 儲存並關閉檔案

技巧

當您重新開啟該檔案時,您可能必須啟動巨集來讓 ActiveX 播放器執行。一種解決方法是將 PowerPoint 簡報另存為 PowerPoint 啟用巨集的簡報(.pptm)。否則,當您重新開啟檔案時,可能需要啟用巨集才能使 ActiveX 播放器正常工作。

14.5 發佈為 HTML

本章這部分是向您展示如何發佈、自訂 HTML 頁面,以及將 SOLIDWORKS Composer 檔案新增到現有的 HTML 頁面中。為了查看本節中產生的 HTML,瀏覽器必須具備 ActiveX 功能。

14.5.1 預設 HTML

我們將從發佈 SOLIDWORKS Composer 檔案到預設的 HTML 範本開始。預設的 HTML 輸出是由定義頁面內容的設定檔主導的,在 SOLIDWORKS Composer 程式設計指南中的 HTML 設定檔包含詳細訊息和一些範例,設定檔位於 <SOLIDWORKS_Composer_install_dir>\Profiles。完整的設定檔包含工具列、組合件樹狀結構、主視窗、BOM 表、視圖縮圖、所選角色的中繼屬性,以及所選角色的詳細訊息。

預設設定檔的大部分功能都需要 SOLIDWORKS Composer Player Pro。如果您在沒有 SOLIDWORKS Composer Player Pro 許可的情況下開啟其中一個 HTML 檔案,那麼您只會看到主視窗和工具列。這簡單的設定檔展示了在沒有 SOLIDWORKS Composer Player Pro 許可下顯示的內容。

STEP 1 發佈 HTML 檔案

開啟 Lesson14\Case Study\ACME-245A.smg。點選**檔案→發佈** 📄 **→ HTML** 🎨，檔名輸入 Fence，但先不要按**儲存**。

STEP 2 選擇設定檔

在**另存新檔**對話方塊左下角選擇 **HTML 輸出** 🔼，從設定檔列表中選擇**完整**，再選擇**使用 SOLIDWORKS Composer Player ActiveX 64 位版本**（**CAB 檔案**），然後按下**儲存**。

STEP 3 查看 HTML 檔案

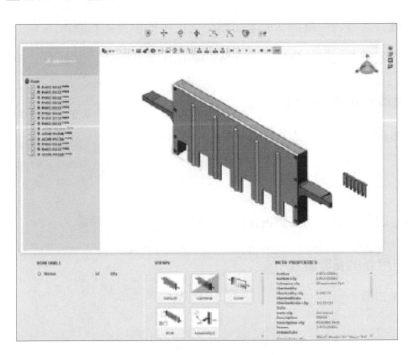

找到儲存 Fence.html 的資料夾，並在該檔案上按滑鼠左鍵兩下，您必須使用可以啟用 ActiveX 控制項的瀏覽器，例如 Internet Explorer。注意關於預設輸出的一些訊息：

- 左側的樹狀結構列出了所有的幾何角色。在樹狀結構中選擇角色以在細部放大圖中顯示，並在右下方顯示其中繼屬性。

- 除非您開啟了包含材料明細表的視圖，否則左下角的 BOM 窗格會是空的。

如果您想要自訂設定檔時怎麼辦？也許您想要一個不顯示 BOM 的設定檔。您可以產生自己的設定檔，並使用它來發佈 HTML 輸出。

STEP 4 複製設定檔

瀏覽至 <SOLIDWORKS_Composer_install_dir>\Profiles\PublishProfiles。

製作一個名為 Training.smgPublishHtmlSet 的 Full.smgPublishHtmlSet 副本。

> 提示　建議您進行複製，以免修改現有的設定檔。

STEP 5 複製影像

將 Lesson14\Case Study\ACME-245A 中的 Training.smgPublishHtmlSet.jpg 複製到 <SOLIDWORKS_Composer_install_dir>\Profiles。

在**另存新檔**對話方塊中選擇新的設定檔時，出現的影像如右圖所示。

我們將在設定檔中自訂三件事：設定檔的名稱，預覽圖像以及頁面上 BOM 的外觀。

STEP 6 更改設定檔的名稱

在文字編輯器（如記事本）中開啟 Training.smgPublishHtmlSet。查找以下程式碼：

```
<Meta Name="Meta.Name" Type="String" DefaultLabel="Full">
```

用 Training 取代 Full，為我們正在產生的設定檔提供新的標題。

STEP 7 使用新的預覽圖像

查找以下程式碼：

```
<PreviewImage Value =" Full.smgPublishHtmlSet.jpg" />
```

用 Training 取代 Full，以指向您在上一步中複製的圖像。

STEP 8 隱藏 HTML 頁面的 BOM

查找以下程式碼：

```
<BOM Value =" 1" />
```

將 1 改為 0，以隱藏頁面的此部分。儲存並關閉檔案。

> **提示** 要了解有關如何自訂 HTML 設定檔的更多訊息，請點選**說明** ❷ →**程式設計指**
> **南**，然後參閱 **HTML 設定檔**主題。

 9　重新啟動 Composer

您必須關閉並重新開啟 Composer，才能在設定檔列表中查看新的 HTML 設定檔。

在 SOLIDWORKS Composer 中開啟 ACME-245A.smg。

STEP 10　發佈 HTML 檔案

點選**檔案**→**發佈** 📄 → **HTML** 🌐。在**另存新檔**對話方塊的左下方選擇 **HTML 輸出**
⬆。從設定檔列表中選擇 Training。**檔名**輸入 Fence2 後**儲存**。

STEP 11　查看 HTML 檔案

找到儲存 Fence2.html 的資料夾，然後在有支援 ActiveX 控制項的瀏覽器中開啟。注
意 BOM 已消失。

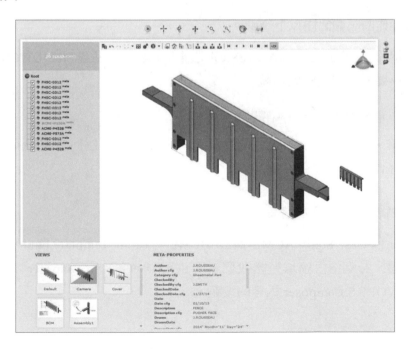

技巧

由於您將 Fence.html 和 Fence2.html 發佈到同一位置，因此它們共享驅動頁面上大量內容的 resources 資料夾。

提示 如果要與同事共享 HTML 輸出，則需要提供以下內容：

- Fence2.html
- 儲存 SOLIDWORKS Composer 資料的 Fence2_files 資料夾。
- resources 資料夾
- ComposerPlayerActiveX.cab。如果之前沒有在電腦上安裝 SOLIDWORKS Composer Player，則該檔案位於 <SOLIDWORKS_Composer_install_dir>\ Bin 資料夾中。

14.5.2 自訂 HTML

本章接下來的內容，將嵌入 SOLIDWORKS Composer 檔案到已存在的 HTML 中。當您獨立執行此操作時，請記住以下幾點：

- 確保您使用的 ComposerPlayerActiveX.cab 版本是正確的。點選 SOLIDWORKS Composer 中的**說明→關於**，以確認版本號。

- 更新檔案名參數值，以包含正確的相對路徑。

- 要共享檔案，您需要提供 HTML、SMG、CAB 檔，以及任何有關聯的圖像、樣式表或其他 HTML 內容的支援檔案。

STEP 12 檢視 HTML 範本檔案

開啟 Lesson14\Case Study\ACME-245A\HTML_Custom_Template.html，該檔案有一個標誌、一個標題、一個空白區域是讓我們新增 SOLIDWORKS Composer 內容的，以及一些控制 SOLIDWORKS Composer 內容的按鈕。

Fence Assembly

Explode/Collapse Animation

IMPORTANT

Read and understand all instructions before assembly.

STEP 13 編輯 HTML 程式碼

在文字編輯器（如記事本）中開啟 HTML_Custom_Template.html。

STEP 14 嵌入 SOLIDWORKS Composer 檔案

查找以下程式碼：

```
<td id="Main_3D">
```

在該行下面，貼上下列的程式碼（在 Lesson14\Case Study\ACME-245A\custom.txt）：

```
<object id="_ComposerPlayerActiveX" height="1-%"
width="1-%" viewAsText="true" classid="CLSID:410B702D-FCFC-
46B7-A954-E876C84AE4C0"
codebase="ComposerPlayerActiveX.cab#version=7.1.4.2905">
<param name="FileName" value="ACME-245A_Publishing.smg"/>
</object>
```

這可以在 HTML 檔中嵌入 SOLIDWORKS Composer 檔案，而不會對工具列或其他使用者介面元素有任何控制。

STEP 15 查看 HTML 檔案

儲存 HTML_Custom_Template.html，並在瀏覽器裡開啟此檔案。

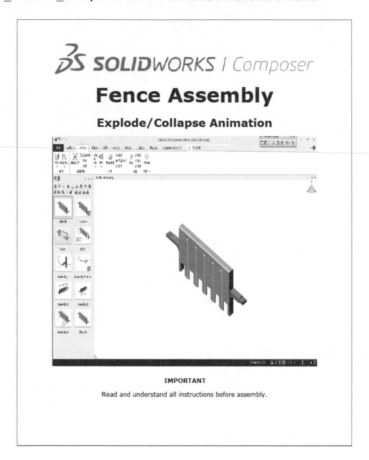

STEP 16 測試按鈕

點選在 SOLIDWORKS Composer 內容下方的按鈕，只有 Default、Play 和 Illustration 按鈕可使用，其他按鈕缺少必要的程式碼來啟動。

STEP 17 修復 BOM 按鈕

在文字編輯器（如記事本）中開啟 HTML_Custom_Template.html，找到以下控制 Default 按鈕的程式碼：

```
<INPUT class='button_' TYPE="button" Value="Default"
onclick="JavaScript:document._ComposerPlayerActiveX.
GoToConfiguration('Default')">
```

使用複製與貼上，用以下的程式碼更新 BOM 按鈕：

```
<INPUT class='button_' TYPE="button" Value="BOM"
onclick="JavaScript:document._ComposerPlayerActiveX.
GoToConfiguration('BOM')">
```

STEP 18 修復 Pause 和 Stop 按鈕

使用 Play 按鈕的程式碼更新 Pause 和 Stop 按鈕，如下所示：

```
<img class='img_button' src="pause.jpg"
onclick="JavaScript:document._ComposerPlayerActiveX.Pause ();"/>
<img class='img_button' src="stop.jpg"
onclick="JavaScript:document._ComposerPlayerActiveX.Stop ();"/>
```

STEP 19 修復 Smooth 按鈕

使用 Illustration 按鈕的程式碼更新 Smooth 按鈕，如下所示：

```
<INPUT class='button_' TYPE="button" Value="Smooth"
onclick="JavaScript:document._ComposerPlayerActiveX.RenderMode('0')">
```

在文字編輯器中儲存並關閉檔案。

STEP 20 檢視 HTML 檔

在瀏覽器中開啟 HTML 檔案，並測試所有的按鈕來確保它們運作正常。

STEP 21 儲存並關閉檔案

14.6 連結 SVG 檔案

在第 4 章：產生爆炸視圖中，我們從技術圖示工場學習了如何產生 SVG 影像。SVG 影像經常用於網站。在本案例中，我們將學習如何產生多個 SVG 影像，這些影像可透過嵌入在角色的連結進行導覽。此想法是將角色連結到 SVG 檔案，但這些 SVG 檔案在所有視圖同時發佈之前並不存在。在此發佈的 HTML 內容使用的瀏覽器，可不用具有 ActiveX。

STEP 1 開啟 composer 檔案

開 啟 Lesson14\Case Study\Computer Mouse\Mouse_Assembly.smg。

STEP 2 瀏覽視圖

總共有九個視圖，記錄如何更換滑鼠中的電池。

STEP 3 連結的 SVG 檔案

開啟名為 2 的視圖。

選擇**下一步**按鈕角色，如下圖所示。在**屬性**頁籤中，記下角色如何連結到 3.svg。

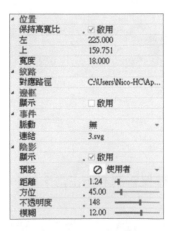

探索嵌入到視圖 2 中的角色的其他連結。

> **提示** 這些連結指向的 SVG 檔案尚不存在。它們將在所有視圖發佈後產生。

STEP 4 連結的幾何角色

選擇滑鼠上的開 / 關切換角色。注意角色是如何連結到 3.svg 的。

STEP 5 新視圖

開啟名為 8 的視圖。

一次選擇三個按鈕樣式角色，
並注意這些角色目前未連結到 SVG
檔案，而開 / 關滑桿角色也未連結。

使用下圖作為參考，在此視圖
中為角色產生連結。

STEP 6 更新視圖

點選更新視圖 🔍，以更新名為 8 的視圖。

STEP 7 視圖 9

點選視圖 9。

使用下圖作為參考，為角色
產生連結。點選**更新視圖** 🔍。

STEP 8 透過技術圖示工場發佈

點選**工場→發佈→技術圖示**。在**整體直線寬度**中輸
入 **1**；在**輪廓→樣式**下選擇**結構邊緣**，並確保其他參數
如圖所示。

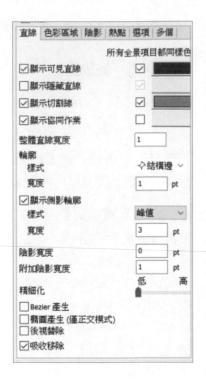

14.7 發佈多個視圖

在第 1 章：快速入門中，我們介紹了如何同時發佈多個視圖，我們將在此案例中做
同樣的事情，且還必須確保我們的嵌入式連結能夠正常工作。為了使連結正常運行，每個
SVG 檔案名稱必須與視圖的相同。例如，名為 1 的視圖必須輸出到名為 1.svg 的 SVG 檔
案中。

STEP 9 發佈多個視圖

點選**技術圖示**工場中的**多個**頁籤，勾選**視圖**，在**檔案名稱範本**內輸入 %viewname%。

STEP> 10 儲存所有視圖

點選**另存新檔** 圖。瀏覽至 Lesson14\Case Study\
Computer Mouse\Website。於**另存類型**下選擇 **SVG（．
svg）**，點選**儲存**。

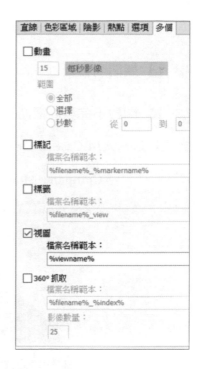

STEP> 11 開啟 SVG 內容

使用網路瀏覽器從 Lesson14\Case Study\Computer Mouse\Website 開啟 1.svg。

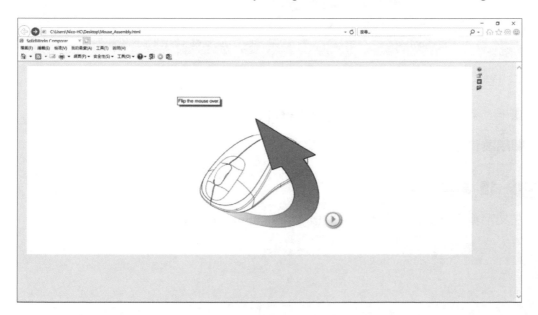

STEP> 12 執行步驟

使用嵌入的連結，瀏覽工作說明。

STEP> 13 關閉瀏覽器

STEP> 14 開啟不完整的網站

瀏覽至 Lesson14\Case Study\Computer Mouse\Website，開啟 Mouse.html。

Computer Mouse

If you have ever used a computer before, you know a mouse controls the location of the cursor on the screen. Here is a link to the Wikipedia page on the Computer Mouse. Remember, stay in school and eat your vitamins.

Replacing the Batteries

Wireless mice are powered by batteries. Use the instructions below to replace the batteries in your wireless mouse.

SOLIDWORKS Corp.

在下一步中，您將在第二段下新增 SVG 內容。

關閉瀏覽器。

STEP> 15 新增 SVG 內容

在文字編輯器（如記事本）中開啟 Mouse.html。在程式碼中找到以下註釋：

```
<!-- #InsertSVGContentHere -->
```

使用以下程式碼替換註釋：

```
<object type="image/svg+xml" data="1.svg">
</object>
```

提示　可從 Lesson14\Case Study\Computer Mouse 中的 Code to import SVG.text 裡複製和貼上此程式碼。

儲存並關閉程式碼。

STEP **16** **開啟完整的網站**

瀏覽至 Lesson14\Case Study\Computer Mouse\Website，開啟 Mouse.html。

SVG 程式碼現在已嵌入在網頁中。關閉瀏覽器。

STEP **17** **儲存並關閉 Composer 檔案**

練習 14-1 發佈為 PDF

練習將 SOLIDWORKS Composer 內容發佈到 PDF 檔案中。完成練習後,開啟 PDF 檔並確認同一個 SOLIDWORKS Composer 檔案內嵌有兩個不同的動畫。此練習可加強以下技能:

- 發佈為 PDF

開啟 Lesson14\Exercises\jig saw.smg。使用與範本位於同一資料夾中的 Cordless Jig Saw.pdf。該範本包括兩個 SOLIDWORKS Composer 檔案的 SeemageReplace 按鈕。您不需要 Adobe Acrobat Professional 即可完成此練習。

操作步驟

STEP 1 對 .smg 檔提供權限

開啟 jigsaw.smg 並提供您希望使用者在 SOLIDWORKS Composer Player 中擁有的權限。儲存 jig saw.smg。

STEP 2 將 jig saw.smg 嵌入 PDF 檔的第 1 頁中

STEP 3 將方案 blade.smgSce 載入到 jig saw.smg 中

STEP 4 將更新的 jig saw.smg 嵌入 PDF 檔的第 2 頁

完成後,您的 PDF 檔如下所示:

練習 14-2 在 Microsoft Word 中發佈

練習在 Microsoft Word 中發佈 SOLIDWORKS Composer 內容。完成練習後，請測試 Microsoft Word 中的按鈕，以確保它們能顯示正確的視圖並播放動畫。此練習可加強以下技能：

* 在 Microsoft PowerPoint 中發佈

操作步驟

STEP 1 將 jigJaw Saw.smg 嵌入到 jigSaw.doc 中

在副標題「Instruction Manual」下方嵌入一個 Composer Player ActiveX 控制項，並將其屬性設定為包含 jaw saw.smg SOLIDWORKS Composer 檔案。關閉所有的工具列和 ActiveX 屬性中的其他列。

STEP 2 新增三個按鈕以顯示 Jig saw.smg 的視圖

這些視圖分別命名為 Default、Explode 和 Cover。

STEP 3 新增兩個按鈕以播放和停止 jig saw.smg 的動畫

播放功能是 Play()；停止功能是 Stop()。

完成後，您的 Doc 檔案如下所示：

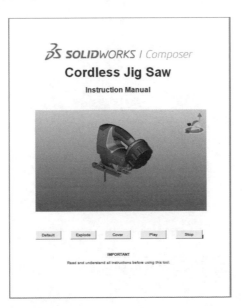

練習 14-3 在 HTML 中發佈

練習在 HTML 檔案中發佈 SOLIDWORKS Composer 內容。完成練習後，您將查看 HTML 檔案以確保正確的工具列被隱藏或顯示。此練習可加強以下技能：

- 發佈到 HTML
- 自訂 HTML

操作步驟

STEP 1 在 jigSaw.html 中嵌入 jigsaw.smg

在「Instruction Manual」下方用 SOLIDWORKS Composer 內容替換的空白區域。

STEP 2 隱藏一個工具列

隱藏協同作業工具列。

STEP 3 新增三個按鈕以顯示 Jig saw.smg 的視圖

這些視圖分別命名為 Default、Explode 和 Cover。

完成後，您的 HTML 檔案如下所示：

> **提示** 如果您提早完成，則可以考慮發佈到各種預設的 HTML 設定檔，以查看各種可用的範本效果。

練習 14-4 發佈 SVG 檔案

練習參考連結的 SVG 檔案，並使用 SOLIDWORKS Composer 重新產生它。此練習可加強以下技能：

* 連結的 SVG 檔案

* 發佈多個視圖

操作步驟

STEP 1 開啟 Collapse.svg

瀏覽至 Lesson14\Exercises\SVG Complete 資料夾，在網路瀏覽器中開啟 Collapse.svg。點選所有連結並注意按鈕。

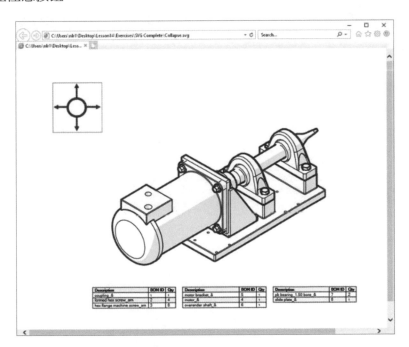

STEP 2 開啟 Explode SVG.smg 並觀察

觀察所有視圖，請注意沒有任何連結附加到任何角色。

Motor 視圖中缺少了 back 按鈕。

STEP **3** 新增角色並產生連結

將「back」按鈕角色新增到「motor」視圖中。

在「Explode」視圖中為所有相關幾何角色設定連結。

為各個組件的每個視圖設定連結。

> 提示 確保在產生連結時更新視圖。

STEP **4** 輸出 SVG 視圖

完成時,測試連結的 SVG 檔案。

> 提示 如果您提早完成,則可以考慮產生一個簡單的 HTML 頁面,並將 SVG 內容連結到您的網站。您可以從案例研究中複製範本,然後對其進行修改以使其最適合您。

參考答案

A

A.1 概述

本書中的許多練習都必須進行切換設定和選擇選項等，以便實現所需的輸出。此外，還有一些練習要求您填空以回答問題。本附錄包括完成部分練習所需的設定、選項、答案和提示。

本附錄沒有列出的練習，代表該練習是完整的，您可以查看 Built Parts 資料夾中的檔案，以了解有關該練習的更多訊息。

◆ 練習 4-4：顯示情形工具和渲染工具

在本練習中，您將練習使用顯示情形工具來隱藏和顯示角色。此外，還可以練習使用渲染工具增加視覺效果。

視圖	說明
左上	<ul><li>渲染模式＝無側影輪廓的塗彩圖示</li><li>顯示情形＝隱藏 Bezel-Right-1</li></ul>
右上	<ul><li>渲染模式＝側影輪廓</li><li>顯示情形＝僅顯示 Skid Plate-1</li></ul>
左下	<ul><li>渲染模式＝平滑帶有輪廓</li><li>顯示情形＝僅顯示 SW0904-Plunger Assembly-1</li></ul>
右下	<ul><li>渲染模式＝有色彩的塗彩圖示</li><li>顯示情形＝選擇 SW0903-Gear Box-1 並點選僅顯示透明化的所選結果</li></ul>

◆ 練習 5-1：輸入組合件

在本練習中，您將練習從 SOLIDWORKS 軟體輸入組合件到 SOLIDWORKS Composer。

要完成輸出 #1，需按如下方式設定開啟舊檔對話方塊：

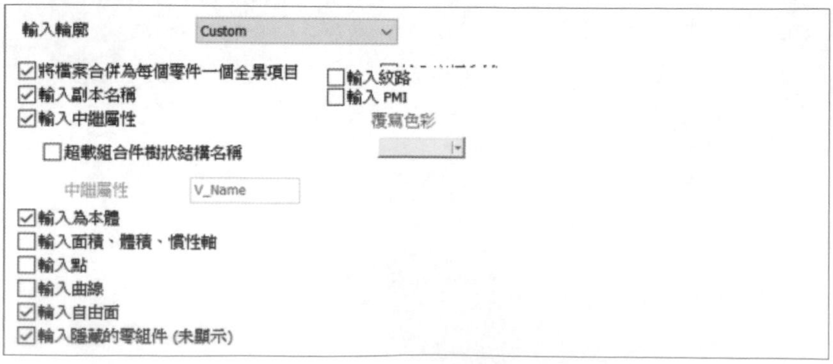

要完成輸出 #2，需按如下方式設定開啟舊檔對話方塊：

輸入輪廓　　　　　Custom

☑將檔案合併為每個零件一個全景項目　　　☐入紋路
☐輸入副本名稱　　　　　　　　　　　　　　入 PMI
☑輸入中繼屬性　　　　　　　　　　　　　覆寫色彩
　　☐超載組合件樹狀結構名稱
　　中繼屬性　　　V_Name
☑輸入為本體
☐輸入面積、體積、慣性軸
☐輸入點
☐輸入曲線
☐輸入自由面
☐輸入隱藏的零組件 (未顯示)

要完成輸出 #3，需按如下方式設定開啟舊檔對話方塊：

輸入輪廓　　　　　Custom

☐將檔案合併為每個零件一個全景項目　☑輸入☐輸入座標系統
☐輸入副本名稱　　　　　　　　　　　☐輸入 PMI
☑輸入中繼屬性　　　　　　　　　　　☐覆寫色彩
　　☐超載組合件樹狀結構名稱
　　中繼屬性　　　V_Name
☑輸入為本體
☐輸入面積、體積、慣性軸
☐輸入點
☐輸入曲線
☑輸入自由面
☑輸入隱藏的零組件 (未顯示)

⬡ 練習 6-3：向量圖檔案

在本練習中，您將使用技術圖示工場產生兩個向量圖檔案。為了產生第一個圖檔，需進行以下設定：

1. 從 HLR（高）設定檔開始。

2. 設定顯示側影輪廓樣式為模型。

3. 設定顯示側影輪廓寬度為 1。

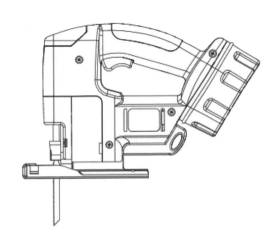

為了產生第二個圖檔，需進行以下設定：

1. 從 HLR（高）設定檔開始。

2. 將輪廓→樣式設定為智能輪廓。

3. 清除顯示側影輪廓。

4. 勾選色彩區域核取方塊。

5. 在色彩區域頁籤的色彩深度上輸入 8。

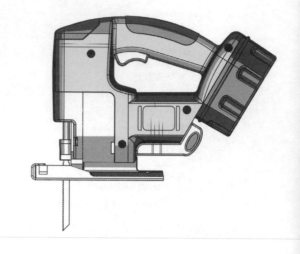

⬡ 練習 9-1：管理時間線窗格

在本練習中，您將觀看一個複雜的動畫，並確定動畫中發生定點事件的時間。當您使用濾器時，此練習將比較容易完成。選擇角色，然後使用濾器僅顯示與該角色關聯的定點。

時間	事件
6.5 秒	黑色箭頭第一次出現。
15.0 秒	當啟動紋路屬性更改時，X 第一次出現。
39.7 秒	Missing Part 的註解消失。
3.0 秒	第一個面板暫停。
28.1 秒	攝影機方位暫停。
25.4 秒	容納面板的盒子開始移動。
11.0 秒	當放射率屬性更改時，綠色的按鈕亮起。